韓國傳統
鄕土飮食

한국전통 향토음식

국립농업과학원 지음

21세기사

发刊词

韩国饮食，简称"韩食"，以素食为主，采用丰富的发酵食品，乃天然的健康食品。韩食的魅力在于把韩国传统的五方色—"黄、青、白、赤、黑"与"酸、甜、苦、辣、咸"五味和谐地融合到了一起。在色香味方面，韩食尽可能地保留食材的天然色彩与固有味道。在造型摆放方面，韩食讲究朴实与庄重。对于当代韩国人来说，未来的餐饮生活就是要追求"药食同源"的健身之道。

自古以来，韩国就有"身土不二"之说，意在强调要优先使用当地出产的食材烹饪食品，这就促进各地逐渐发展形成了自己独特的乡土饮食。无论是在多山的东北地区，还是在沿海地带与岛屿上，或是在平原宽阔的西南地区，各地的饮食不仅具备相似之处，也体现风格各异的饮食文化。

本书精选了韩国9个道的总共100种乡土饮食，按地区进行了归类。为便于读者参照本书亲自尝试烹饪韩国的乡土饮食，书中对每道料理的食材与制法都作了详细介绍，在必要时还附上了注意事项和照片。

希望各位能通过各色各样的韩国乡土饮食深切地感受到韩国的自然、文化、风土与人情。

传统韩食科

国立农业科学院
农村振兴厅

内容

第 1 部

主食

小分类	定义
1.饭	米等谷物加入1.2~1.5倍的水后加热蒸煮出的食物。有时，也会一起放入蔬菜、海鲜和肉。
2.粥	一种流体食物，由米、小麦、粟等加入6~7倍的水长时间熬制而成。可以只放大米，也可加入其他谷物、干果、蔬菜、肉、鱼贝、药材等熬制。
3.米饮、饭团、羹	米饮 谷物里加入10倍以上的水用大火长时间地煮沸后过筛滤出的液体食物。 饭团 以玉米、南瓜、土豆等为主料，掺入赤豆、大豆、谷粉等制成的食物。 羹 谷物碾制成的水淀粉晾干后又掺入水中制成的一种汤样的粥。主要放入五味子等的果汁
4.面条、面片	面条 用荞麦粉、面粉、土豆粉等揉成面团，切成长条，在汤水中煮熟而成的一种主食。 面片 用比面条面粗的面粉揉成面团，用手拽出自然的扁片状，然后下入高汤煮制而成的一种主食。 所用的高汤常由肉和鳀鱼制成。
5.饺子	用面粉、荞麦粉、蔬菜或鱼肉等作皮，用牛肉、鸡肉、豆腐或绿豆芽等馅儿，包好后制熟而成的一种食物。 可下沸水煮熟，可蒸熟，亦可下入肉汤等其他高汤中做成饺汤。
6.米糕汤	把米粉蒸熟后锤打成的白色米糕切成椭圆形薄片儿，然后下到汤水中煮熟而成的一种食物。 从前常用野鸡肉做汤底，如今大多使用牛肉和鸡肉，有些地区还会使用牡蛎、鳀鱼等海鲜做汤底。炒肉丝、鸡蛋、大葱等常被用来做米糕汤的配料。
7.其他	未列入此表的主食。

副食

小分类	定义
1.**汤**	由肉、鱼贝、蔬菜、海草等加水后煮制而成。 **清汤** 水或者用胸脯肉熬出的肉汤中放了汤用酱油调味后加入几种下汤用食材煮制成的一种汤。 **土酱汤** 淘米水中放入豆瓣酱、辣椒酱调味后加入几种下汤用食材煮制而成的一种汤。 **浓汤** 大量水中一起放入几种部位的肉后长时间地熬制而成的、用盐调味的一种汤。 **凉汤** 熬制成的汤水冷却后掺入冷水，用汤用酱油调味，加下汤用食材生喝的一种汤。
2.**焖炖、涮锅烩**	**焖炖** 以一对一的比例往原料中加入高汤煮成的菜肴。 含水量比汤少，根据调味料的不同可分为豆瓣酱焖炖、辣椒酱焖炖、虾酱焖炖等。 **涮锅烩** 肉、鱼贝、蔬菜等放入高汤，上桌后边煮边吃的一种菜肴。
3.**泡菜**	将蔬菜或海草用盐腌泡洗净后拌入由辣椒、葱、大蒜、生姜等调制的调料和腌鱼，放置令其发酵而成的一种食物。 根据白菜、萝卜、其他蔬菜、根茎、果蔬、海草等主料的不同而分为不同种类。
4.**蔬菜**	**生菜** 不经任何人工调味和烹饪而直接生吃的蔬菜，或只用盐和调料腌拌而成的蔬菜。 **熟菜** 在沸水中焯一下之后拌入调料的蔬菜，或用豆油、橄榄油等加调味料炒出的蔬菜。 **其他** 不属于生菜或熟菜，用肉和蔬菜等多种食材烹制成的菜肴。
5.**烧烤**	肉、鱼贝、或沙参等蔬菜撒入盐或涂抹上调料后放置火上烤制而成的菜肴。
6.**炖菜、煎炖菜**	**炖菜** 肉、鱼贝、蔬菜等材料用浓重的调味料腌制入味后放置小火上长时间炖制而成的菜肴。 用来调味的主要有酱油，马鲛鱼、针鱼等肉红味腥的鱼常被拌入豆瓣酱和辣椒酱炖制。 **煎炖菜** 一种炖制的食物，汤汁比焖炖的少但比炖菜的多。主料多采用鱼贝。 也指放入少量汤水油煎而成的菜肴。
7.**炒菜、烧菜**	**炒菜** 肉、鱼贝、蔬菜、海草、谷物、豆制品等用油炒出的菜肴的总称。 包括只放了油炒出的食物和放了酱油和糖等调味品的用油炒出的菜肴。 **烧菜** 用酱油、糖和油烧出的没有汤汁的菜肴，有烧鲍鱼、烧红蛤等。

副食類

小分类	定义
8. 煎菜、 煎串儿	**煎菜** 肉、鱼贝、蔬菜、海草等食材被切碎或切细，加盐和胡椒粉调好味后裹上面粉和鸡蛋，用油煎两面而制成的菜肴。也叫煎油鱼、煎油花、煎面裹肉。 **煎串儿** 切成1厘米 x 8~10厘米细长条的肉、鱼贝、蔬菜、海草等食材，加入盐和胡椒粉调好味，然后按色彩搭配戳到竹签上，裹上面粉和鸡蛋，用油煎制而成的菜肴。
9. 蒸食、鲜食	**蒸食** 切成大块的食材拌入调料后加水长时间地煮制而成的菜肴。也可用清水或用汤水蒸制。 **鲜食** 黄瓜、南瓜、豆腐等主料和其他食材一起用沸水略焯后蘸醋酱食用。
10. 生鲜	**生脍** 肉、鱼贝、海草等保持原本风味调理出的菜肴。常把食材切成薄片后，蘸醋辣椒、芥末酱或盐、胡椒粉后食用。 **熟脍** 肉、鱼贝、海草食材略微制熟后而成的食物。 **醋脍** 肉、鱼贝、海草等食材用醋和酱油（或盐）略微上味后调制成的菜肴。 **酱脍** 水芹、细葱等长蔬菜干燥后配以醋辣椒酱食用的菜肴。 **水脍** 切得很薄的生鱼片里加入葱、蒜、辣椒粉等拌匀调味后加水制成的菜肴。
11. 干饭馔	**浮刻** 切成块儿的蔬菜和鱼贝涂上糯米糊晾干后再油炸而制出的佐菜。 **佐饭** 鱼贝和海草浓浓地拌入调味料制成的可储藏的佐菜。 **炸海草** 海草类的食材切好后不加任何调料，直接用热油炸出的一种佐菜。 **脯** 肉铺和鱼贝脯抹上调料后，铺开晾干制成的一种食物。

副食類

小分类	定义
12. 灌肠、片肉	**粉条腊肠** 猪血、糯米、绿豆芽、白菜老叶等用调料拌匀后灌入猪肠衣蒸熟制成的一种食物。 **片肉** 牛胸脯肉、牛腿肉或猪肉等煮熟并压成块后切片吃的一种食物。
13. 凉粉、豆腐	**凉粉** 荞麦、绿豆、橡子、竹芋等的淀粉和入水中煮沸后冷却凝固成的一种食物。 **豆腐** 大豆放入水中浸泡后碾碎、加热、去皮，然后用点卤凝固成的食物。
14. 裸菜	用蔬菜或海草把饭和菜裹到一起食用。材料可以是生的，也可以是熟的。
15. 酱菜	蔬菜加入盐水、酱油、豆瓣酱、辣椒酱浸泡发酵而成的食物。
16. 腌鱼、食醢	**腌鱼** 鱼贝的肉、内脏、卵等中加入20%的盐，靠其自身分解出的酵母和微生物发酵而成的食物。 **食醢** 粟米饭或大米饭、萝卜、辣椒粉以及其他调料拌入用盐腌制的鱼肉里发酵制成的一种食物。
17. 酱	用大豆发酵制成的调味品。主要有酱油、豆瓣酱、辣椒酱。
18. 其他	未列入此表的副食。

糕类

小分类	定义
1. 蒸糕	也叫"笼糕"，是把谷物粉和配菜放入蒸笼蒸出的。
2. 打糕	把用谷物做成的饭或将蒸笼蒸熟的谷物粉放入研钵里锤打制成的一种糕。
3. 煎糕	用谷物粉揉成面团，搓成一定的形状，用油煎成的一种糕。
4. 煮糕	用谷物粉揉成面团，搓成一定的形状，煮熟后裹上糕粉而成的一种糕。
5. 其他	未列入此表的糕类。

点心类

小分类	定义
1. 油蜜果	面粉加蜂蜜和糖揉成团，搓成一定的形状，油炸，最后裹上蜂蜜和糖浆制成的一种点心。
2. 油果	糯米粉加豆汁或酒揉成团，蒸熟，擀成薄片，油炸，裹糖稀，最后粘上芝麻蓉等坚果碎粉制成的一种点心。
3. 茶食	谷物粉、药材粉、干果、花粉等中加入蜂蜜放到茶食板上蒸熟而成的食物。
4. 正果	植物的根须、茎枝、果实等原封不动地或刀切后，原汁原味地煮熟，用蜂蜜或糖收汁起锅而制成的食物。
5. 糖浆果	炸或炒熟的豆子、芝麻或干果上浇入热的糖稀、蜂蜜、糖水拌匀，冷却后切片食用的一种点心。
6. 糖(太妃糖)	由大米、糯米、玉米、红薯等拌入麦芽糖制成。
7. 其他	未列入此表的点心类。

饮料类

小分类	定义
1. 茶	各种磨成粉末或切成细丝的药材、水果、茶叶等拌入蜂蜜或糖腌制成的一种饮料。可用沸水煮服或冲服的。
2. 花果饮	切成几种形状的水果和花拌入蜂蜜或糖，或者直接放到五味子汁、汤水、蜂蜜水中饮用。
3. 食醯	加饭(糯米饭或粳米饭)的麦芽糖水在一定的温度下放置一定的时间后发酵而成的饮料。
4. 水正果	生姜和桂皮熬制的水中加入能产生甜味的蜂蜜或糖后，再加柿饼制成的一种饮料。
5. 其他	未列入此表的饮料。

酒类

小分类	定义
1. 药酒、浊酒	谷物发酵制成的含酒精成分的饮品。
2. 蒸馏酒	烧酒等由谷物发酵制成的酒蒸馏而成、酒精含量得到提高了的酒。
3. 其他	未列入此表的酒类。

第2部

首尔市、京畿道

首尔自朝鲜时代起便为京都，饮食文化也就自然地深受皇室文化的影响。同时，来往于首尔与其他全国各地的人们也带来了各地的饮食文化。作为消费水平最高的城市，首尔比其他地区具有更丰富的食材和更多样的烹饪方法。

首尔的饮食不太咸也不太辣，口味适中。食物量少、种类多。就泡菜的调料来说，有虾酱、黄石鱼酱、蛤蜊酱等清淡的酱汁，生虾、生带鱼等口味清爽的海鲜也常被选用。在首尔，诸多外国使馆人员往来频繁，在饮食的装饰上也别具匠心。

比起首尔，京畿道的饮食就显得简朴多了，份量多而调料单纯。偏重于面糊、面片等放了南瓜、土豆、爆玉米、面粉、赤豆等的面食。

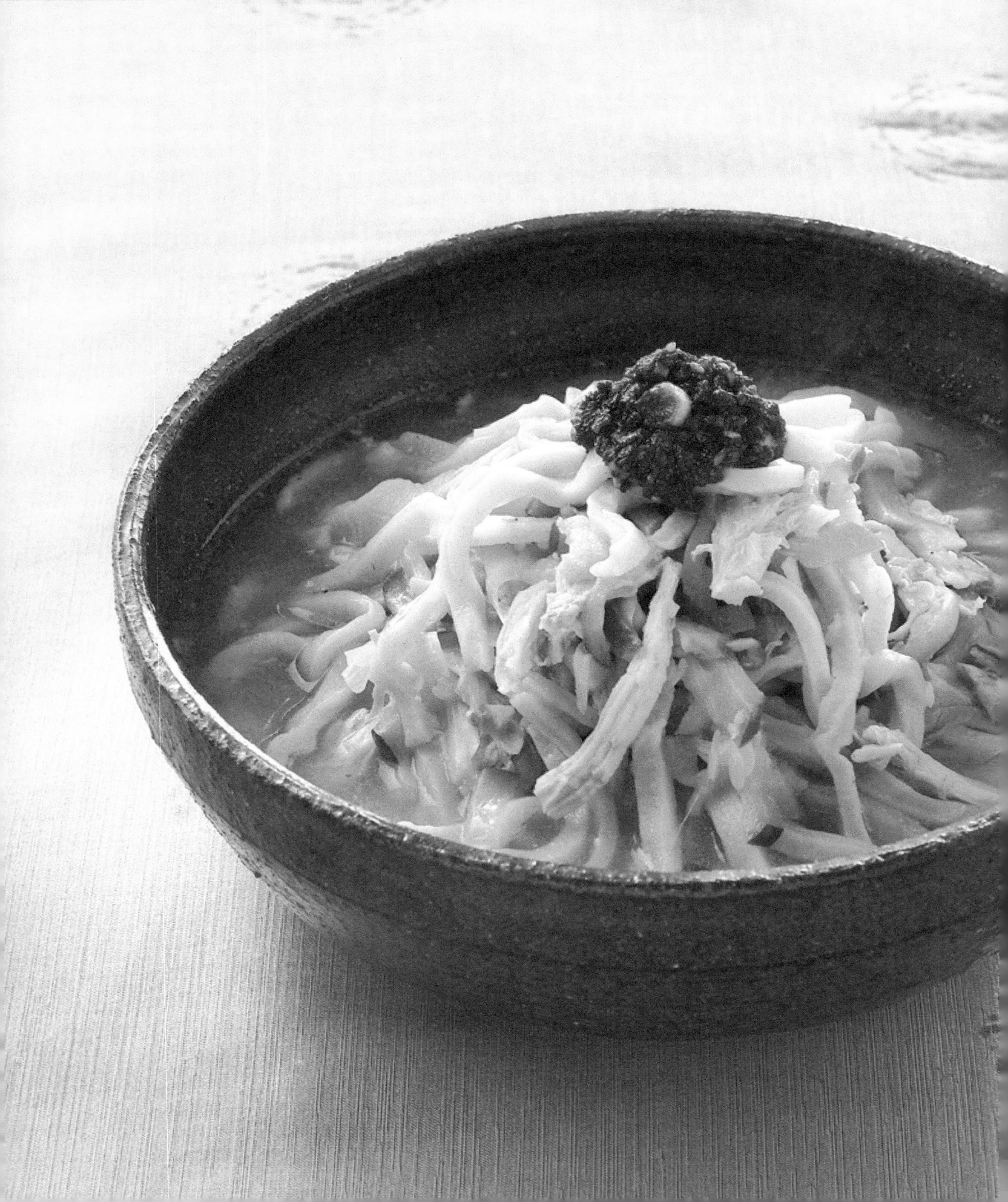

鸡汤面

材料

面粉330克，青南瓜200克，大葱35克，盐1茶匙，水200毫升

高汤 鸡800克，大蒜15克，大葱35克，水3升

鸡肉调料 盐1茶匙，蒜末半调羹，葱末1调羹，胡椒粉少许

调料 酱油4调羹，葱末1调羹，蒜末1茶匙，芝麻盐1茶匙半，
麻油1茶匙半，辣椒粉1茶匙半

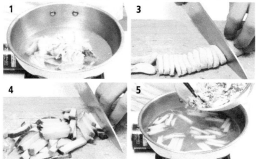

制法

1 把鸡打理干净，放入水、葱、蒜后大火煮熟，拆下鸡肉，把鸡骨放回锅 中用大火继续煮。

2 煮至汤水变浓发白，取出鸡骨，用棉布滤去残渣，冷却后刮去油层。

3 往面粉中加盐，边加边和，揉成面团，用湿布包上放置30分钟左右，揉至滑润后擀成薄薄的面
皮，撒上面粉后折叠切成面条。

4 把青南瓜和葱切成5厘米×0.3厘米×0.3厘米的丝，把鸡肉撕成丝，拌 入调料。

5 把2中备好的高汤煮沸，将3中切好的面条抖去面粉，下入高汤中，注意 别让面条互相沾粘。快
要熟时，加入4中备好的材料煮熟。

6 把面条盛入大碗中，放入调料。

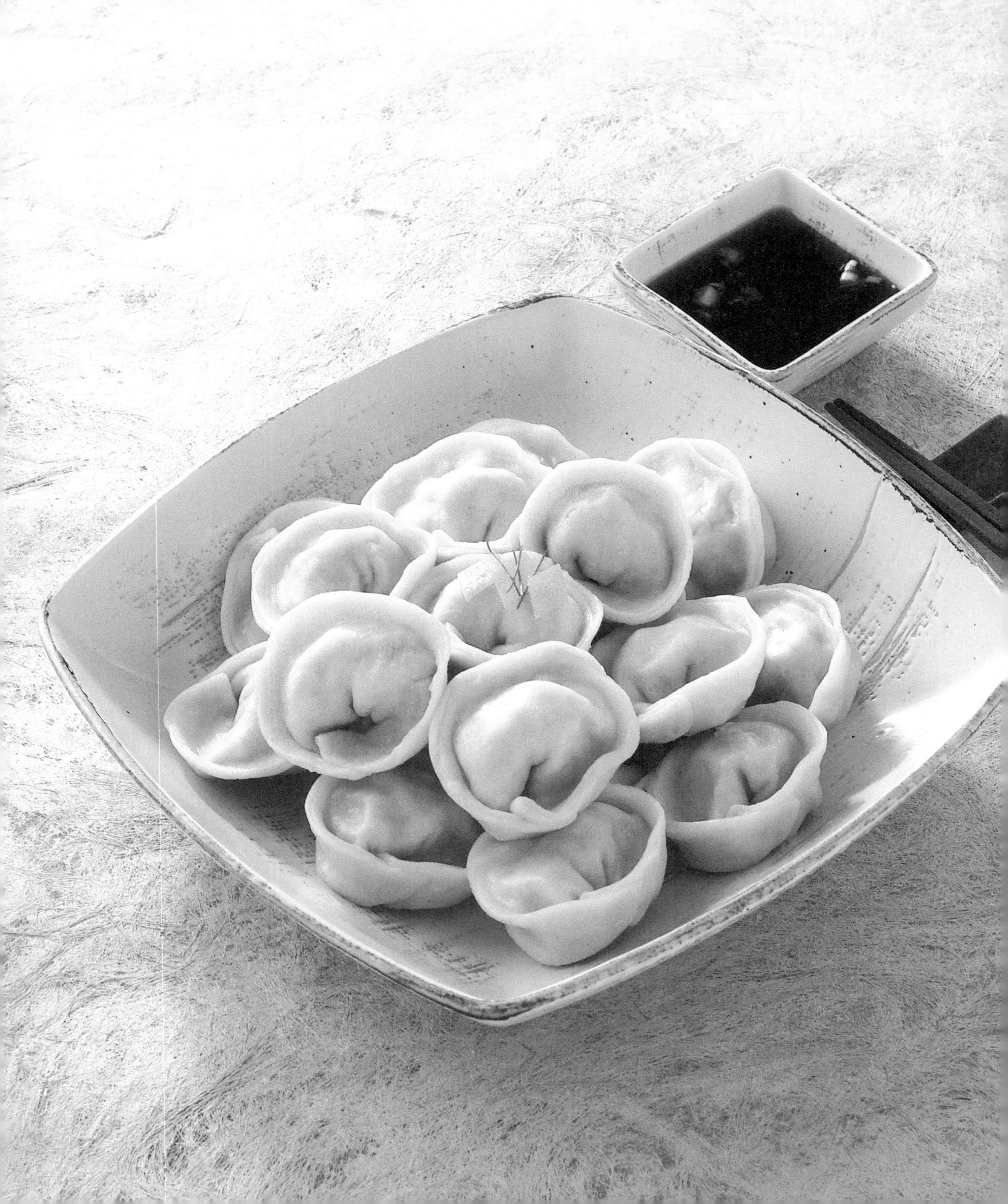

开城饺子*

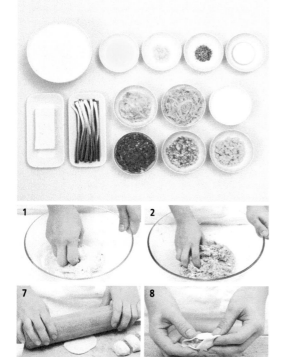

材料

饺皮 面粉220克，一只鸡蛋的蛋清，水适量，盐1茶匙

饺馅 牛肉100克，猪肉100克，豆腐150克，绿豆芽100克，泡白菜100克，一只鸡蛋的蛋黄，盐适量

拌肉调料 酱油1调羹，葱末2调羹，蒜末1调羹，麻油2调羹，芝麻盐1调羹，胡椒粉1茶匙

饺馅调料 虾酱1调羹，辣椒粉1茶匙，麻油1调羹，盐适量

制法

1 在面粉里加盐后过筛，把蛋清掺水搅拌后倒入，揉成面团，用湿棉布包上，放置30分钟。

2 把牛肉、猪肉切成丝，加入拌肉调料拌匀。

3 把豆腐包入棉布，用重物压碎，然后加入虾酱和饺馅调料，拌至呈粉红色。

4 把绿豆芽放入加盐的沸水中焯一下后淋干水，切碎。

5 挤去泡菜的水份，切碎。

6 把2、3、4、5混合到一起，加入蛋黄拌匀，用盐调味，制成饺馅。

7 用1中的面团一张张地擀出厚0.3厘米、直径6厘米的圆形饺皮。

8 舀一调羹6中的饺馅摊放在7中的饺皮上，然后将饺皮对折成半圆形，从两端开始用手捏紧封口，最后将两端粘起来包成饺子。用沸水下饺子，待饺子浮出水面时捞出用冷水冲凉。

9 把饺子摆放入盘中，配以醋酱或酱油。也可以把饺子放入煮沸的牛肉汤里配以牛肉片和鸡蛋皮。

备注

在韩国，"馒头"是沿用至今的对饺子的称呼，源自从朝鲜半岛北部流传开来的一则有关诸葛亮的故事。

据《事物纪原》的记载，诸葛亮有一次南征大胜后要过江，可到了江边却突然间狂风掀起，乌云遮天，根本无法过江。当地居民见状都一致认为是因为战争杀死了很多人激怒了老天爷才这样的，得用49只人头来祭战死的饿鬼才能让苍天息怒。于是，诸葛亮就命人把羊肉和猪肉拌到一起，然后把面粉揉成团擀成面皮，用面皮把肉馅包起来，做成人头的形状祭天。后来这种用来人头形状的面皮包肉馅的食物就被称为"馒头"。

由于馒头是从中国传到朝鲜半岛北部的，所以韩国南部的人们至今也不怎么会做馒头吃。

另外，《高丽史》里也提到，曾有一人在忠惠王4年因进厨房偷吃馒头而受了罚。这说明至少从高丽时代起馒头就已从中国传入了朝鲜半岛。如今，在京畿道和首尔，当地人还会吃水饺和蒸饺。

---

* 饺子类食品在中国人、韩国人、日本人之间很普遍，也深受西方人喜爱。

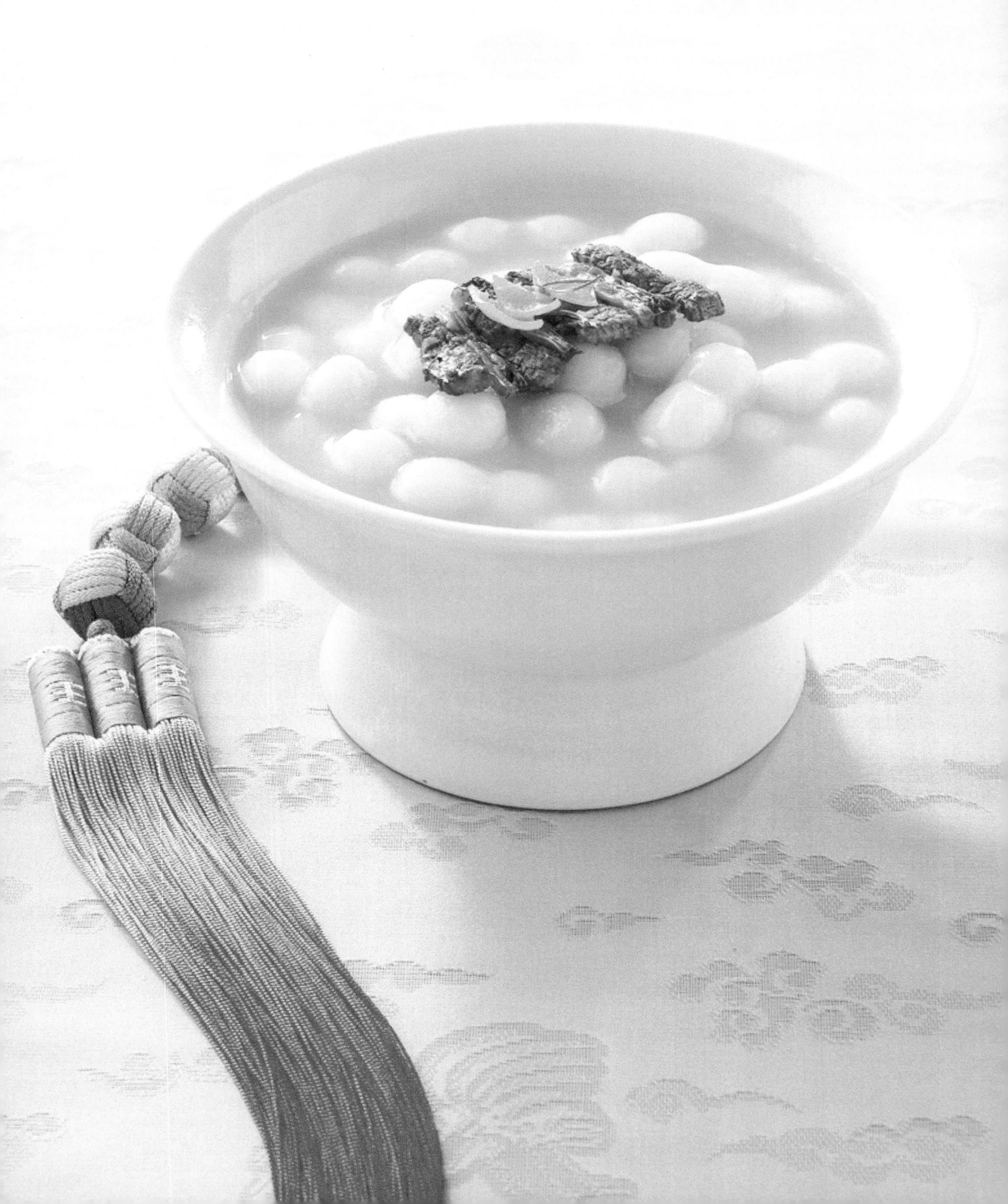

葫芦糕汤

材料

葫芦糕500克，大葱、蒜末各少许

汤水 牛腿骨500克，牛肉(胸脯肉)200克，水4升，洋葱80克，盐适量，大蒜30克，生姜10克，大葱20克，胡椒粒1茶匙，汤酱油适量，胡椒粉少许，细香葱少许

拌肉调料 汤酱油半调羹，葱末1调羹，蒜末半调羹，麻油半调羹，芝麻盐半调羹，胡椒粉少许

制法

1 把米浸泡4小时以上，淋干水，碾碎，上笼蒸熟，制成白糕，趁变硬前放到刀板上，用木刀分开，揉成椭圆形。

2 把牛腿骨放入冷水中浸泡，除去血水，煮沸一次倒掉后重新加清水煮至汤水发白时加入胸脯肉一起煮。出汤时加洋葱、大蒜、生姜、大葱、胡椒粒一起煮沸。

3 把高汤冷却，用网纱或棉布过滤后往汤中加入汤酱油和盐调味。

4 把煮烂的肉撕成条状，加入拌肉调料拌匀。

5 把细香葱切成5厘米长的段儿。

6 把撕好的肉条和细香葱段串到一起，放入油锅里煎。

7 把鸡蛋的蛋清、蛋黄分开摊皮，然后把黄白蛋皮切成菱形。

8 把调好味的高汤煮沸，加蒜末，把葫芦糕用水洗净放入，当糕上浮时，放入斜切成的0.3厘米厚的葱花煮沸，盛碗，往碗中加入煎好的葱肉串和菱形蛋皮。

草轿汤

材料

鸡1千克，生桔梗80克，水芹50克，竹笋100克，面粉110克，鸡蛋100克，细香葱30克，红辣椒10克，牛肉100克，花菇10克，鸡高汤2升，麻油半调羹，汤酱油、海鲜酱汤、盐、胡椒粉各少许

鸡高汤 水2.6升，生姜20克，大蒜30克，洋葱100克

鸡肉调料 盐1茶匙，葱末1调羹，蒜末半调羹，麻油半调羹，姜汁1茶匙，白胡椒粉少许

牛肉调料 酱油1调羹，葱末1调羹，蒜末半调羹，糖半调羹，麻油半调羹，胡椒粉少许

制法

1 把鸡去除脂肪，打理干净。放入生姜、大蒜、洋葱加水煮熟后剥去鸡皮，拆下鸡肉待用。把鸡骨放回锅里继续煮，煮沸时撇除上面的飘浮物，继续熬制高汤。熬好后滤去汤中的鸡骨。

2 把生桔梗撕开，放入盐水中浸泡去除涩味。把水芹洗净切成3厘米长的段儿，把竹笋切片，然后把它们分别用沸水焯一下。把红辣椒切成3厘米×0.3厘米×0.3厘米的斜片。

3 把鸡肉、桔梗、水芹混合到一起，加入鸡肉调料拌匀。

4 把牛肉切丝，把平菇用水泡开后切成0.3厘米厚的丝。然后把它们混合到一起，用牛肉调料拌匀。

5 把2、3、4备好的都混合到一起，加入面粉，打入鸡蛋，仔细拌匀，然后加入细香葱拌匀。

6 在高汤里加入汤酱油、海鲜酱汤、盐调味，煮沸。然后一调羹一调羹地舀入5中拌好的材料，离火，淋麻油，加胡椒粉，即成。

炖石首鱼

材料

石首鱼2千克，牛肉(胸脯肉)150克，青南瓜190克，青尖椒30克，红辣椒15克，茼蒿5根，大葱35克，淘米水1.4升，蒜末1调羹，麻油半调羹，辣椒粉1调羹，大酱1调羹，辣椒酱2调羹，姜末1茶匙，虾酱1调羹，清酒1调羹，盐少许

制法

1 给鱼去鳞，只留鱼肝等可食内脏，把鱼肉切成大块。洗净，淋干水。

2 把青南瓜劈成两半儿，切成1厘米厚的半月形，把大葱斜切成0.3厘米厚的葱花，把青尖椒和红辣椒斜切成片，去籽。

3 在淘米水中放入大酱和辣椒酱，碾拌均匀。

4 往锅中倒入麻油，炒蒜末和牛肉，浇入3中的汤水，煮沸。

5 放入鱼块、青南瓜片、生姜继续煮至鱼出味，放入内脏继续煮。

6 往5中的汤水里加入虾酱和盐调味，再放入清酒和辣椒粉，最后放大葱、青尖椒、红辣椒再次煮沸后，放入茼蒿。

鲳鱼甘井*

材料

鲳鱼480克

汤 鳀鱼汤200毫升，辣椒酱3调羹，大酱、海鲜酱汤、汤酱油各半调羹

调料 葱丝2调羹，蒜片1调羹，姜片2茶匙，麻油2茶匙

制法

1 将鲳鱼去鳞去内脏，在鱼背上打花刀。

2 把大葱、大蒜、生姜切成细丝，加入调料拌匀。

3 往鳀鱼汤里加入辣椒酱、大酱、海鲜酱汤、汤酱油煮沸，放入鲳鱼。

4 当汤水开始变浓时，加入2，继续煮至汤水变得浓稠。

备注

"甘井"类料理比烩菜汤浓稠，可以用新鲜的生菜包着吃。
除了鲳鱼甘井，还有用熊鱼、石首鱼制成的"甘井"。

---

* 比起清炖，红烧鲳鱼味道更鲜。

酱泡菜*

材料

白菜400克，萝卜150克，水芹100克，芥菜150克，细香葱50克，平菇10克，木耳3克，栗子100克，大枣20克，柿子140克，梨370克，大蒜30克，生姜10克，虾酱1调羹，浓酱油半杯

汤水 酱油半杯，水1.2升，蜂蜜(或糖)3调羹

制法

1 去除白菜的菜皮，掰下菜叶，切成3.5厘米×3厘米的方片。
2 选择结实的萝卜，洗净切片待用。萝卜不能多于白菜，萝卜片也不能比白菜片大。
3 把1和2混到一起，加浓酱油拌匀。
4 把芥菜、水芹、水发平菇、木耳摘洗干净，将芥菜、水芹切成3.5厘米长，把水发平菇切丝。把木耳切成0.2厘米宽。
5 把栗子切成0.3厘米厚的片儿。把大枣去核，用手掰成三份。
6 把柿子和梨去皮，切成和萝卜片一般大小。
7 把细香葱的葱白切成3.5厘米的段儿，把大蒜和生姜切片。
8 去除松子的三角笠，用干棉布擦干净。
9 在3中放入备好的所有其他材料，拌匀，放置一天，然后浇入汤水调味，盖紧让其发酵。

备注

酱泡菜是将鲜甜的萝卜、白菜用酱油调制发酵而成的。但因为发酵快而难以长久保存，故一次不能做多。天气不热时，发酵4~6天最好吃，在天气较热的夏天过了2天左右最好吃。酱泡菜在秋天和冬天味道更好。吃时最好在碗中放入几粒松子。比起米饭，更适于配饺子和米糕汤。

---

* 这种泡菜里放有水果，味道不太辣，很受大众喜爱。

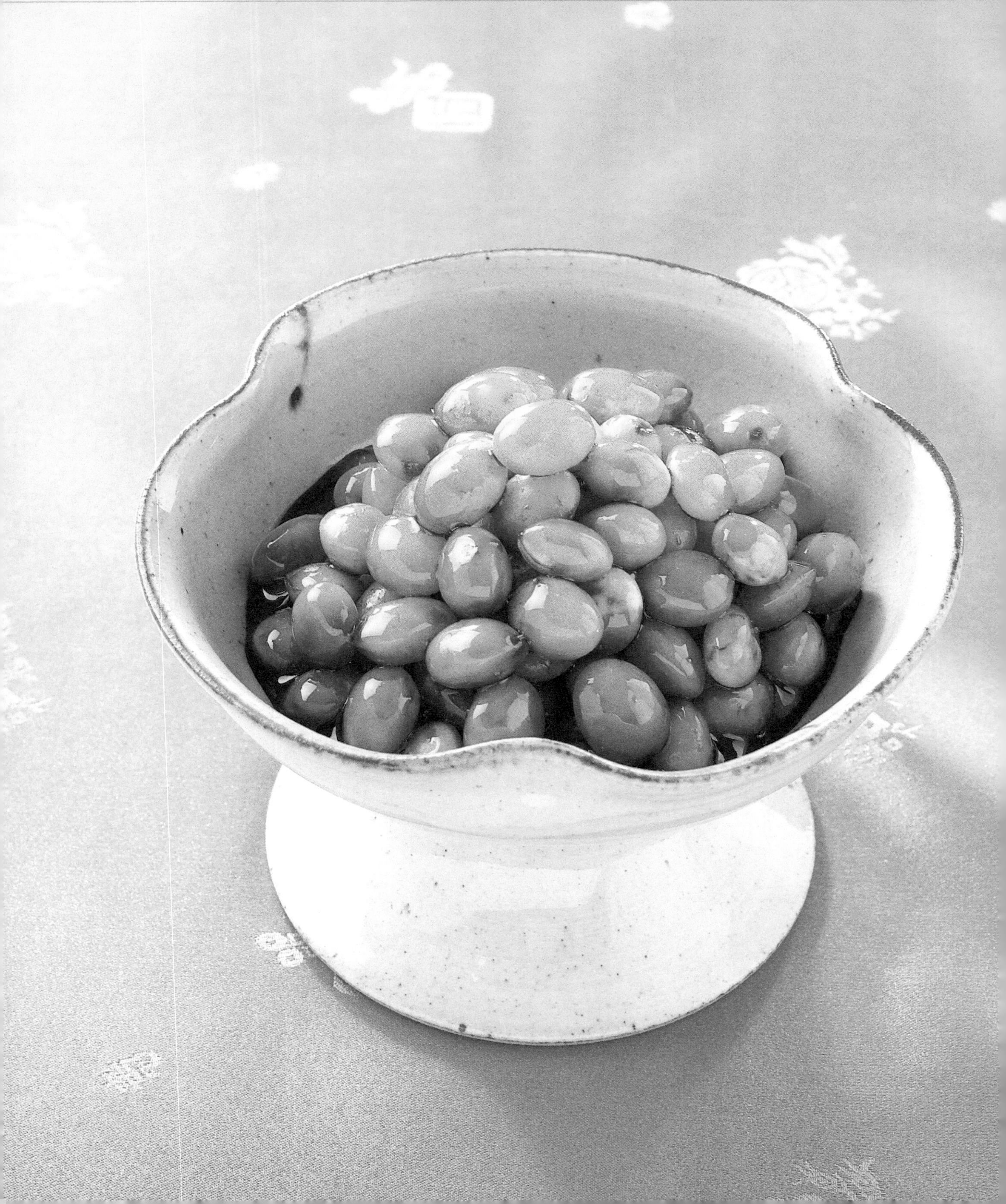

酱炖银杏

材料

银杏500克，植物油半调羹

调料 酱油1半杯，糖稀、糖各⅓杯，清酒3调羹，水100毫升，麻油少许

制法

1 把银杏用水略微洗一下后炒至壳衣脱落，用干棉布擦净外表的油。

2 酱油、糖稀、糖、水、清酒一起倒入锅中煮至剩半时倒入银杏。

3 用微火继续炖，直至银杏熟透、皮表发亮。

4 盛入碗中，淋麻油。

煎豆腐*

材料

豆腐1千克，猪肉150克，植物油少许

豆腐调料 盐1茶匙，胡椒粉少许，淀粉2调羹

猪肉调料 酱油1调羹，糖半调羹，葱末1调羹，蒜末半调羹，姜汁1茶匙，胡椒粉少许

醋酱 酱油1调羹，醋半调羹，梅子酒1调羹，水1调羹

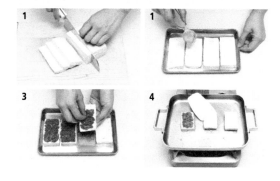

制法

1 轻压豆腐挤出多余水份，切成7毫米厚，拌入盐和胡椒粉，蘸淀粉。

2 调制猪肉馅。

3 在豆腐块的一面薄薄地涂一层猪肉馅。

4 锅里倒入植物油，先煎涂有肉馅的一面，熟后翻过来再煎。

5 蘸醋酱吃。

备注

据说，豆腐是中国汉朝时期的淮南王刘安在公元前2世纪发明的，于中国的唐朝时代传入了朝鲜半岛。起初豆腐被称为"泡"，在朝鲜时代，负责做豆腐的寺庙称作"造泡寺"。

---

* 如今在英美等国豆腐类食品很流行。比起豆腐花，块状豆腐更受青睐。

油煎猪肉饼

材料

猪腿肉600克，面粉110克，植物油，水适量，盐⅓茶匙

制法

1 把不含肥肉的精瘦猪肉煮熟挤压出水份，切成片。

2 在面粉里加水和盐，和成糊。

3 把锅烧热后倒入植物油，舀一勺2中的面糊倒入锅中，摊开，在上面摆放几片猪肉后，再舀一勺面糊涂盖在猪肉片上。煎至两面黄亮。

4 切成小块，放入盘中，上桌。

备注

也可直接把生猪肉拌入盐和胡椒粉再蘸上蛋面糊后油煎。

蒸米糕

材料

米糕条500克，牛腿肉200克，羊肉200克，牛肉丝100克，萝卜100克，胡萝卜100克，花菇15克，水芹50克，鸡蛋50克，银杏20克，高汤(胸脯肉)200毫升

牛腿肉和羊肉调料 酱油1调羹，葱末1调羹，糖半调羹，蒜末半调羹，胡椒粉少许，麻油1调羹

牛肉丝调料 酱油1调羹，葱末1调羹，蒜末半调羹，糖半调羹，胡椒粉少许，麻油1调羹

其他调料 酱油、芝麻盐、糖、麻油各少许

制法

1 把羊肉和牛腿肉大火煮熟后捞出切成粗条，拌入调料。

2 把水发平菇和牛肉切成条状后混到一起，拌入调料。

3 把米糕条切成5厘米长的段，再把每段四等分，并用沸水焯一下。

4 把萝卜和胡萝卜略煮一下，切成细米糕条一般的大小。把水芹切成4厘米的段儿。把银杏去壳去衣。

5 分开蛋清与蛋黄，分别摊成蛋皮，切成边长为2厘米的菱形。

6 把拌了调料的牛肉条与平菇条炒一下，放入拌了调料的羊肉条和牛腿肉条、萝卜、胡萝卜，浇入高汤，上火煮。

7 待汤水减半时，放入备好的细米糕条和银杏，搅拌均匀。

8 在离火之前放入水芹，盛碗后在上面放入切好的黄白蛋皮点缀。

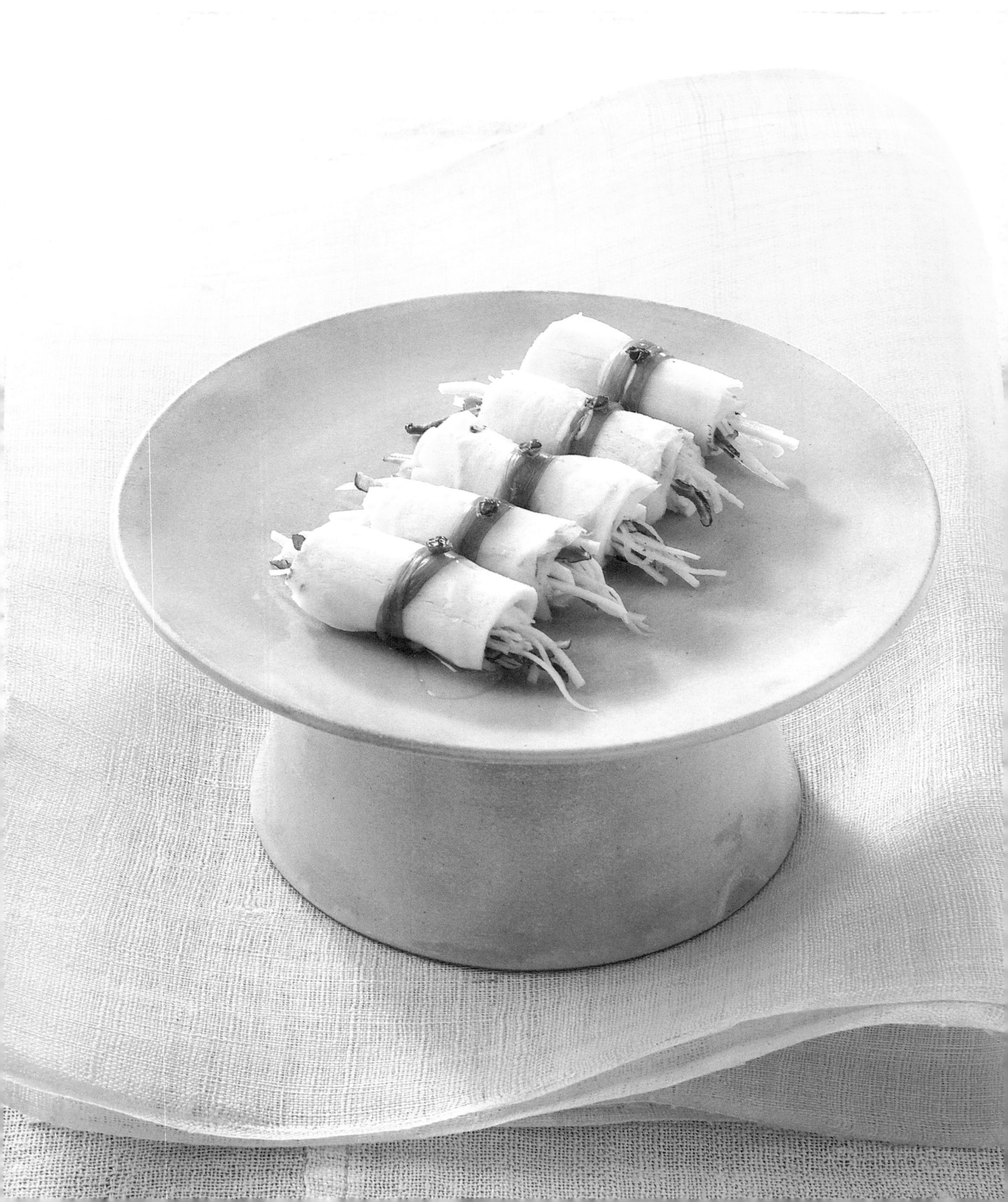

水参卷*

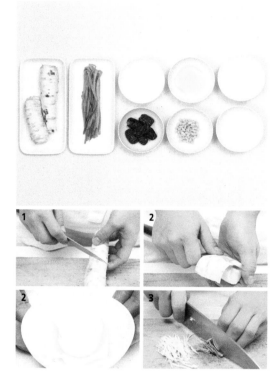

材料

水参5根，大枣10克，水芹5棵，糖1调羹，醋1调羹，盐半茶匙，蜂蜜2调羹，松子少许

制法

1 选择中等尺寸的水参，洗净待用。

2 把2根水参在刀板上切成4厘米长的段儿，然后卷削成薄片后放入加了盐、糖、醋的水中浸泡。

3 给大枣去核，切丝。

4 在水参薄片里放入枣丝，卷好，上面放些枣丁作点缀。

5 把剩下的水参切成1厘米×3.5厘米的丝，放入切好的枣丝，一起卷入水参薄片，并用被沸水焯过的水芹捆绑起来。

6 可以蘸蜂蜜或醋辣椒酱。

---

* 人参虽略带苦味，但作为健康食品深受喜爱。

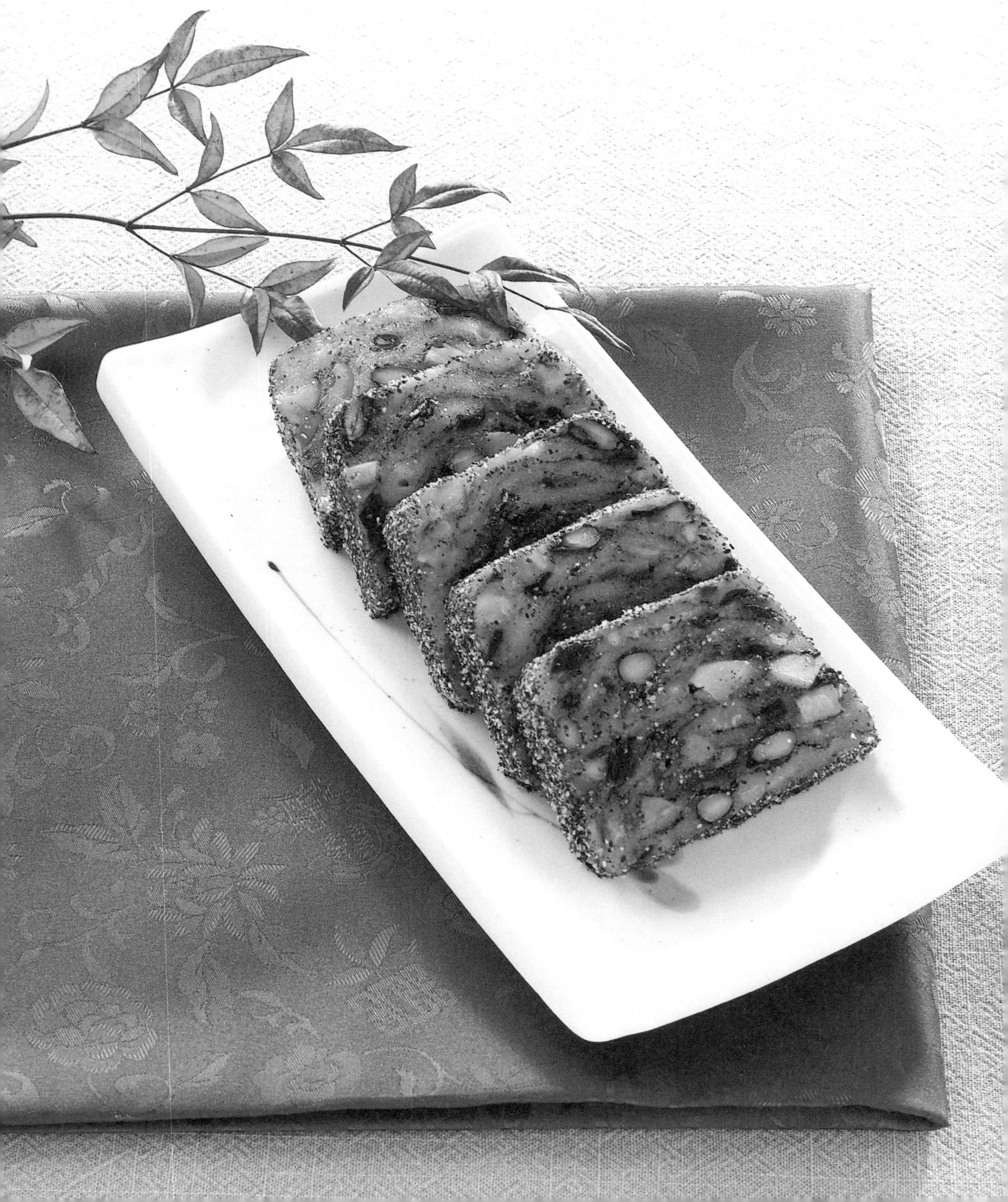

云片
(云朵糕)

材料

糯米粉1千克，赤豆粉1杯，糖水100毫升，大枣100克，栗子200克，
核桃40克，菜豆半杯，松子35克，水、糖各适量

制法

1 糯米粉加水拌成糊。

2 把赤豆洗净煮沸放入筛子中淋水后再放入锅中炒干水份。（使用之前再浇入糖水过滤。）

3 把栗子略蒸后去壳，把大枣去核后2~3等分，把菜豆浸泡后煮熟。

4 用干棉布擦净松子，把核桃剥去后2等分。

5 把3和4混到一起，浇入糖水用小火炖。

6 往1中的糯米面糊加入5中的干果，一起上笼蒸。

7 往方形模里倒入赤豆粉，从6中的糯米糕里取出一些，用赤豆粉塞满空隙，用手压成一块米糕。
盖上模具，上面放重物压2~3小时。

8 压成形后，切成大小适中的块儿。

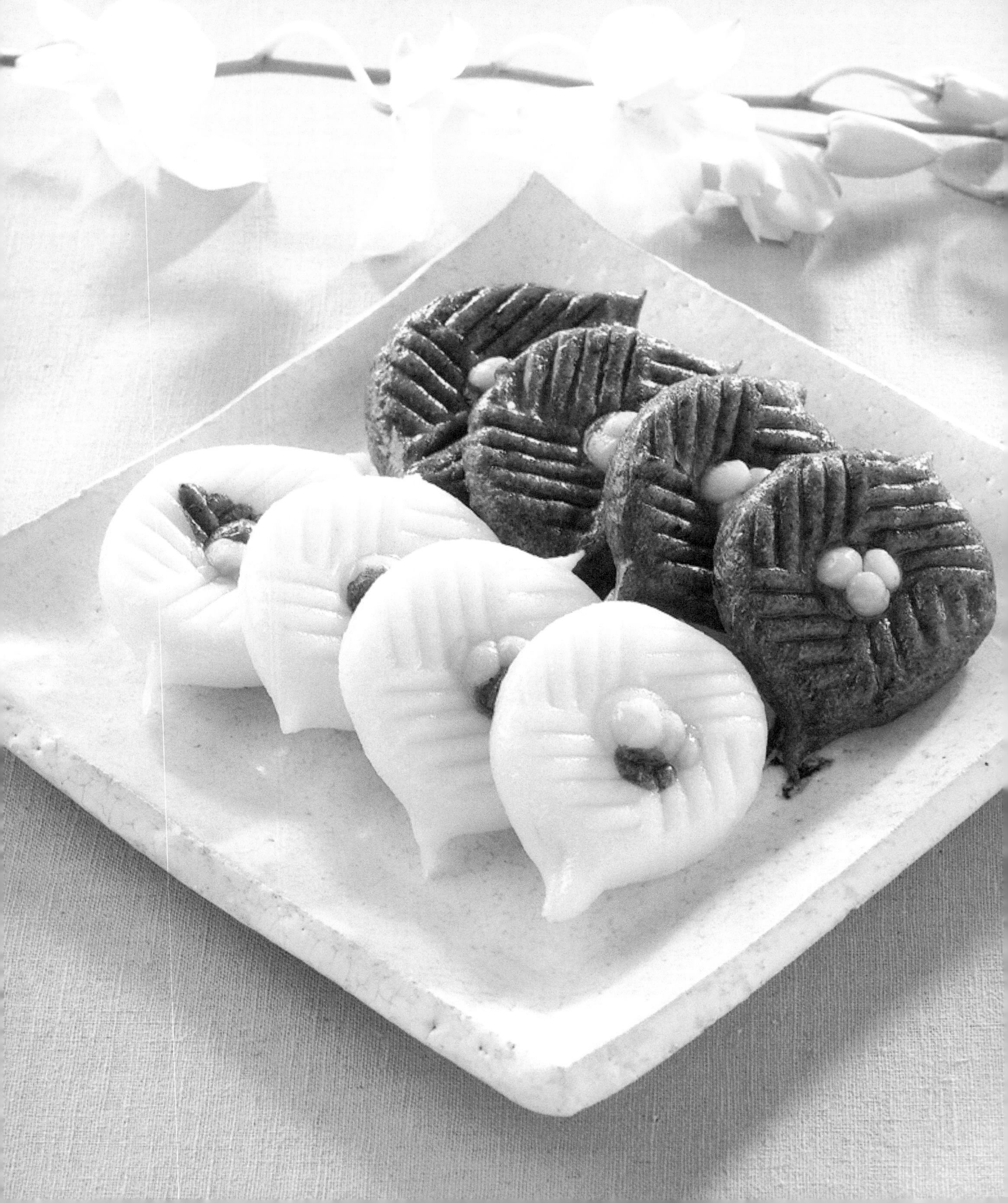

花片

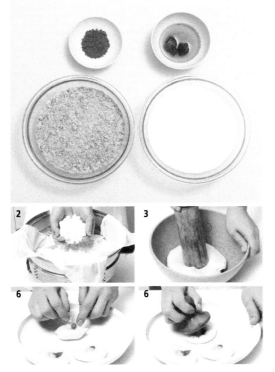

材料

粳米面1千克，盐2调羹，水300毫升，麻油适量

色素 多年草粉、栀子花液、百年草粉各适量

制法

1 把米洗净，浸泡5小时左右，淋去水，加盐，碾碎。同时把多年草也放入一起碾磨。

2 把放入多年草的米粉加水搅匀，上火蒸，待热气上来后继续蒸15分钟。

3 把2中蒸熟的糕放到案板上锤打。

4 摘一小块白糕放置一旁留作装饰用，加入栀子花液和百年草粉上色，搓成赤豆大小。

5 把3中的糕和多年草糕分别放到大刀板上，涂抹盐水，搓成圆棒形，用手把尾部截断搓成米糕尾。

6 在米糕尾的中央粘上4中的彩糕，抹油，压成形

蛤蟆糕
(峰顶糕，厚饼)

材料

蛤蟆糕粉 糯米粉500克，酱油1半调羹，糖3调羹，蜂蜜3调羹

拌料 赤豆沙4杯，浓酱油2调羹，糖4调羹，蜂蜜5调羹，

桂皮粉半茶匙，胡椒粉少许

馅儿 栗子100克，大枣50克，核桃40克，松子25克，柚子汁1调羹，

糖腌柚子片半调羹

制法

1 把糯米洗净用水浸泡6小时，放置半小时淋水后碾成粉。

2 往1中加入酱油拌匀后用中等尺寸的筛子过筛，加糖和蜂蜜拌匀。

3 把赤豆充分地浸泡后去皮洗净，淋水。在笼里铺上湿棉布，倒入赤豆，上火蒸。

4 把蒸熟的赤豆倒入大碗里，略微碾碎，用中等尺寸的筛子过筛，把从过筛后剩下的赤豆碎瓣儿放入搅拌器里搅碎。

5 往4中制成的赤豆絮里放入酱油、糖、蜂蜜、桂皮粉、胡椒粉拌匀，上锅炒一遍后再次过筛。

6 给松子去皮，把栗子和大枣切成和松子一般大小，把核桃剥壳去衣切碎，拌入糖腌柚子片。

7 往6中放入柚子汁拌匀，搓直径为1厘米的圆子，并把圆子压扁。

8 把5中的赤豆絮倒入一个大型模具里。舀一勺2中拌好的糯米粉，摆入7中的扁圆子，再加入糯米粉，然后上笼蒸。

9 蒸15分钟之后，改小火再蒸5分钟后离火。把糕放入盘中，撒入剩余的赤豆絮。盖上棉布，任其冷却。

备注

蛤蟆糕，原名"峰顶糕"，也叫"厚饼"，是在米粉里拌入酱油制成的，乃宫中的代表性米糕，旧时宫中贵人每逢生日时必吃。盖在蛤蟆糕上的米粉不同于普通米糕粉，粘得牢，不易散落，所以米糕可以被随意切成小块，方便食用。

在《定例仪轨》、《进馔仪轨》等史书中都有对其制法的记载。在《屠门大嚼》中，蛤蟆糕被记载为首尔的季节性食品。

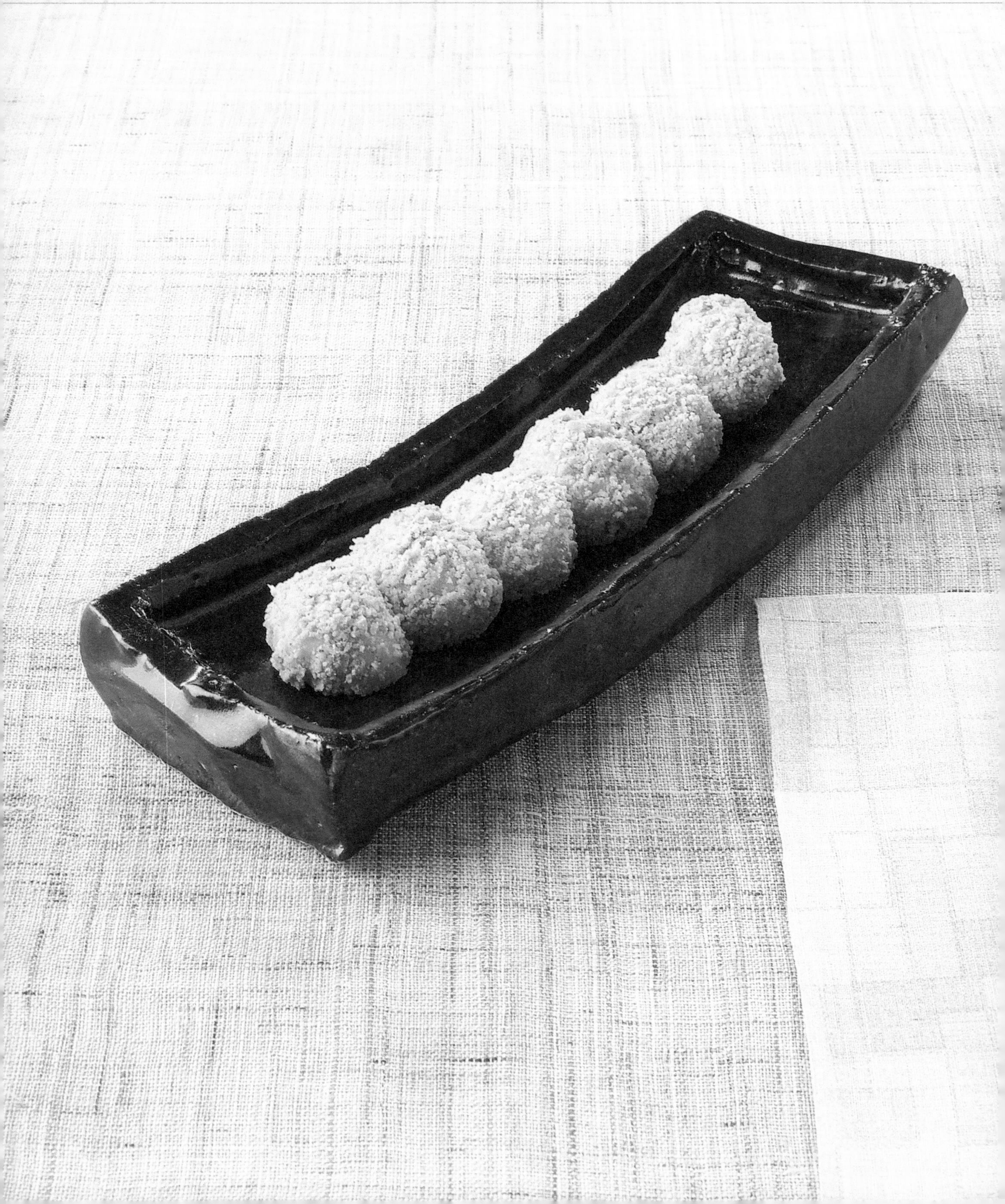

栗团

材料

糯米330克，栗子160克，桂皮粉半杯，橘饼(或柚子)1调羹，蜂蜜1调羹，水适量，盐少许

制法

1 把糯米放入水中浸泡2小时以上，淋干水份，碾成粉。

2 在蒸笼里铺入湿棉布，倒入糯米粉，蒸熟。用大勺子压扁碾细。

3 把栗子略煮后剥壳，放入筛中淋水。

4 把橘饼切成块后拌入⅓杯栗粉、桂皮粉和盐，搓成0.8厘米直径的球。

5 从2中摘下大小能包入4中的栗子球的糯米糕，包成直径为2~3厘米的球，蘸上蜂蜜，放入盘中，裹上剩余的栗子粉。

米团
(开城团子，蜜米糕)*

材料

糯米粉500克，梗米粉150克，浊酒(米酒)半杯，糖⅓杯，水2调羹，盐半调羹，植物油2杯，大枣正果、萝卜正果各少许
调味汁 糖稀1杯，水100毫升，生姜10克(2个半)

制法

1 把糯米粉和梗米粉混合，用中等筛子过筛后加糖拌匀。

2 往1的米粉中拌入浊酒，然后加开水长时间搅拌，直至面团发粘。

3 从面团上拽下一小块，搓成为直径为3厘米的1厘米厚的扁圆子，在上下的中央部分各戳一个洞。

4 往热至180℃的植物油中放入3中的扁圆子，并注意别让圆子粘起来，炸至成形。

5 移至150℃的油中继续炸熟圆子的内部。

6 把糖稀掺入水，放入生姜，煮沸，制成调味汁。

7 把炸好的糯米团淋去油后，放入6中的调味汁浸一会儿后摆放盘中。

8 以大枣正果或萝卜正果作点缀。

备注

蜜米糕是在油炸的米糕上裹了蜂蜜的米团，制作简单，且不容易变软。在新米收获的时节里常吃蜜米糕，甚至有句谚语说"没有不吃蜜米糕的宴会"。
团子越圆越上相，在团子中间戳洞放入大枣更增添美感。蜜米糕可保存2~3天不变软，且香甜有口感，作孩子们的零食或餐后点心都很好。
这种米团也被称为"开城团子"。

* 为广受喜爱的油炸点心。

梅雀果

材料

面粉110克，盐半茶匙，姜汁1调羹，水3~4调羹，绿豆粉少许，植物油3杯，松子粉1调羹
调味汁 糖150克，水200毫升，蜂蜜2调羹，桂皮粉半茶匙

制法

1 在面粉里加盐过筛，把姜汁掺水后倒入面粉，揉成面团。
2 把绿豆粉也揉入1的面团，擀平，切成5厘米×2厘米的长方形片，在方片中央用刀划3下。
3 沿着中央的划痕折叠，把方片做成带皱边的蝴蝶结形状。
4 将糖与水按1：1混合但不搅拌，直接加热煮沸，待糖融化后加蜂蜜，调小火炖10分钟左右。待浓缩成1杯左右的糖汁时，加入桂皮粉做成调味汁。
5 把植物油热至160℃，把3中的梅雀果放入油中炸脆后捞出。
6 待5冷却后裹上调味汁。
7 放入盘中，上面撒些许松子粉。

备注

梅雀果是在面粉里加了盐和姜汁油炸而成的一种油果，因形状很像站立梅花枝上的麻雀而得"梅雀果"之名，此外，也被称为"梅子果"、"梅松子"、"梅杂果""梅叶果"和"麻花果"等。

木瓜果茶

材料

木瓜3千克，橘子180克，糖2杯，松子2调羹

制法

1 把木瓜去皮去核，切成1厘米长的薄片。

2 把橘子去皮，横切成0.5厘米厚的圆片。

3 把木瓜片、橘肉片和糖一层夹一层地放满一个玻璃瓶，确保木瓜片和橘肉片淹没在糖里，然后把瓶口密封。

4 20天后可用调羹从瓶中舀出原液兑水冲饮，并在杯中放几粒松子。

江原道

江原道位于太白山的起点，分为岭东和岭西。岭东属于海岸地区，海鲜种类丰富，腌制海鲜和食醢等可储藏食品很发达。大量食用海藻类的裹饭、炸海带和鱼。在深山重重的岭西地区，用土豆、玉米、荞麦、大麦、小麦等农作物制作的食物较多。代之以米，主食常为用土豆、玉米、黍米、红薯等混合做成的饭。

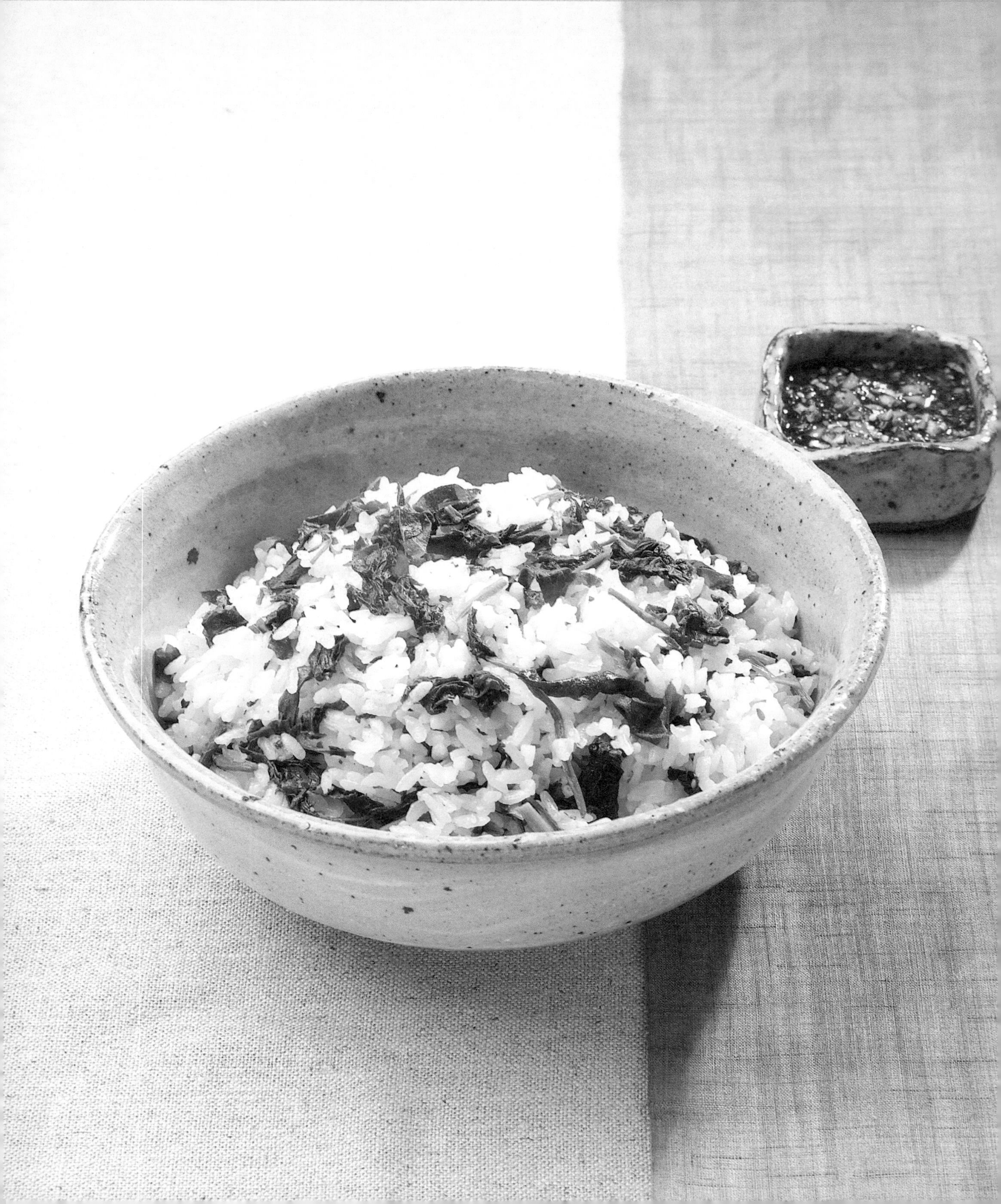

高丽大蓟饭

材料

大米360克，高丽大蓟300克，水470毫升，紫苏油2调羹，盐少许

制法

1 把米洗净后用水浸泡30分钟。

2 把高丽大蓟用沸水焯后用冷水冲凉，挤去水，横切成3厘米~5厘米。

3 往高丽大蓟里拌入紫苏油、盐调味。

4 把用水浸泡好的米做成饭。

5 把调好味的高丽大蓟放到饭上，稍微放置片刻后拌匀盛入碗中。

备注

高丽大蓟是生长于太白山上海拔700米的高地上的野菜，清淡却富含营养，并带有特别的香气。旧时高丽大蓟乃皇室贡品，是歌曲《旌善阿里郎》里所唱的旌善、平昌一带所产的无污染特产，每年5月采摘。

黍米土豆饭*

材料

黍米290克，土豆450克，水470毫升

制法

1 把黍米洗净放入水中浸泡30分钟。
2 把土豆洗净去皮。
3 把用水浸泡后的黍米和土豆一起放入锅中煮熟。
4 土豆熟后，用小火炖置。
5 把土豆碾成泥状，与黍米拌匀后盛入碗中。

备注

在大米不足的困难时期，黍米是重要食粮之一。土豆也是韩国救荒时期的重要食粮。在旧时的艰难岁月里，韩国人用黍米和土豆做成黍米土豆饭代替大米饭。

---

* 土豆与杂粮做成的饭，口感会更好。

水磨糯玉米饭

材料

水磨玉米290克，红豆210克，水适量，糖1杯，盐少许

制法

1 把玉米洗净放入水中浸泡一天。

2 往锅中放入浸泡后的玉米与红豆，加入足量的水，用大火煮2小时。

3 待玉米几近煮熟时，加盐和糖调味，并不时地用木勺搅拌以防焦糊，改用小火焖至熟成。

备注

"水磨"是指把谷物加水浸泡后磨碾以去皮的一种方法。

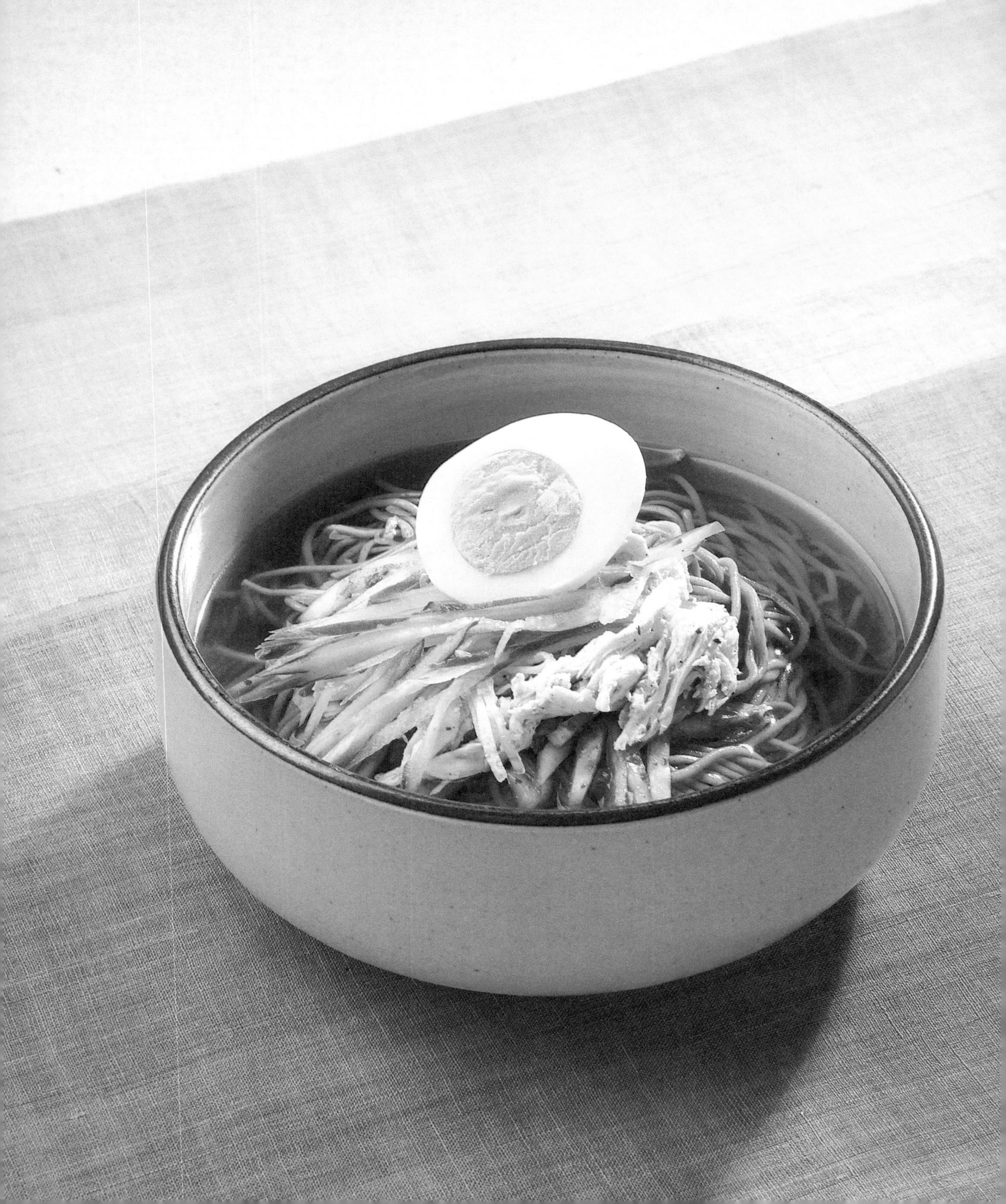

荞麦面条

材料

荞麦粉2杯半，面粉160克，泡萝卜汤400毫升，泡白菜半棵，泡萝卜半根，黄瓜150克，鸡蛋50克，水200毫升，蒜末1茶匙，麻油1茶匙，芝麻盐1茶匙，酱油适量，盐少许

鸡汤 鸡200克，萝卜100克，海带10克，洋葱80克，生姜10克，大葱10克，大蒜2瓣，水1升

制法

1 做好鸡汤并令其冷却后撇去油层，用萝卜泡菜汤与盐调味。把鸡肉切成粗条，拌入蒜末、麻油与芝麻盐。

2 把荞麦粉与面粉混合，用温水揉成面团，用面条机擀成面条。

3 把黄瓜切成细丝，洒上盐腌制片刻后，榨干水分。把泡萝卜切片，把泡白菜横切成1厘米长的段儿。把鸡蛋煮熟后剥皮切成两半。

4 往沸水里下入1中的面条，把煮好的面条用冷水冲凉后淋干水。

5 在碗中放入煮好冷却的面条，在顶上放入3中准备好的各类材料，浇上冷却的肉汤后，再用酱油和盐调味。

蒸菜饺

材料

荞麦粉(土豆粉)3杯，泡芥菜200克，菜干200克，水150毫升,紫苏油适量

制法

1 加热水把荞麦粉(土豆粉)揉成熟面团。

2 把泡芥菜横切成0.5厘米的段儿，把菜干放入沸水中煮软后切段，加入调料，拌成饺馅儿。

3 把面团揉得有韧性后擀成饺皮儿，摊入2中的馅儿包成饺子。

4 待锅里的水煮沸冒热气时，把饺子上笼蒸20分钟后涂上紫苏油。

备注

可把泡芥菜略微漂洗后用刀绞几下做成泡菜汤配饺子。

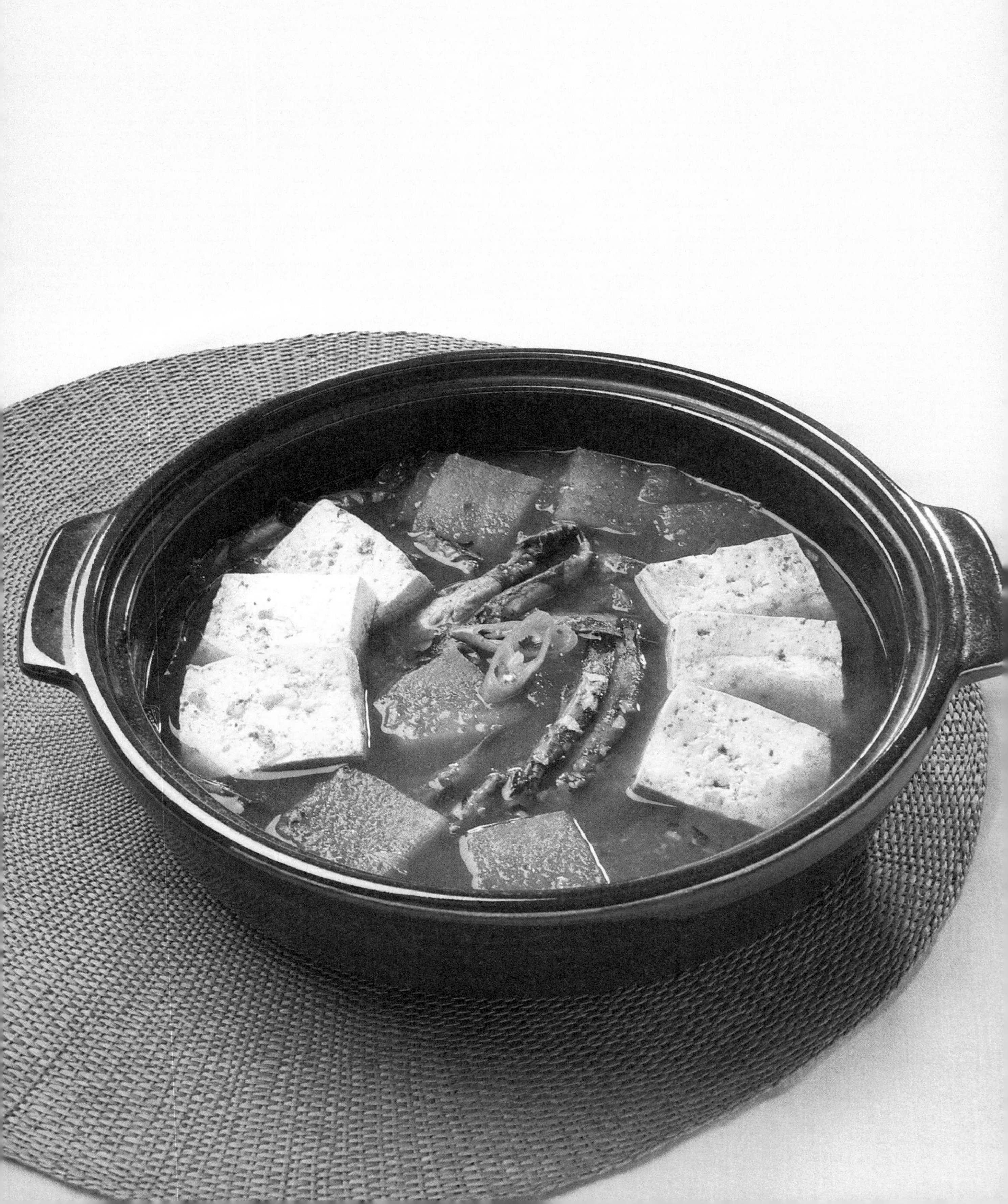

花鲈辣汤

材料

花鲈150克，萝卜100克，豆腐50克，青尖椒30克，盐少许，水600毫升

调味酱 **汤酱油1调羹，辣椒酱1调羹，辣椒粉1调羹，葱末1茶匙，蒜末1茶匙**

制法

1 去除花鲈的内脏，洗净。

2 把萝卜和豆腐切成3厘米×3厘米×0.5厘米的条状，把青尖椒斜切成0.3厘米厚的圈儿。

3 把上述各种材料拌匀，制成调味酱。

4 往锅中倒入水，放入萝卜，待煮沸时加入花鲈。

5 待花鲈煮熟时，把3中制成的调味酱的一半、豆腐和青尖椒一起放入继续煮，煮沸后再放入另一半调味酱。如果味道太淡，可以加点盐。

备注

以辣椒代替辣椒酱，新鲜的辣味使味道更好

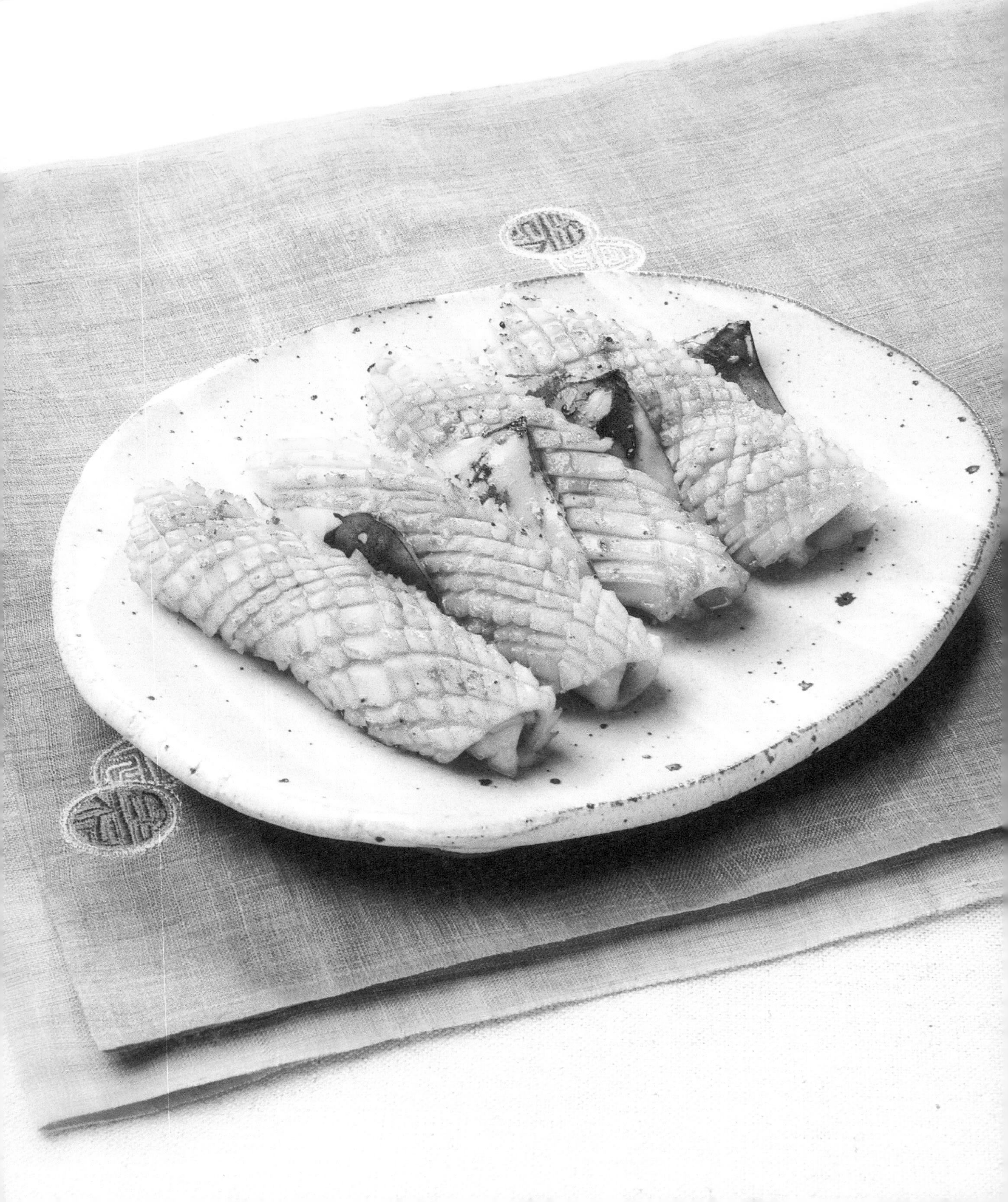

烤鱿鱼*

材料

鲜鱿鱼700克

调味酱 酱油3调羹，糖1调羹，葱末1调羹，蒜末1调羹

制法

1 把酱油、糖、葱末、蒜末混合拌成调味酱。

2 把鱿鱼除内脏去腿去皮洗净，打上1厘米宽的花刀，浸入调味酱。

3 把2中的鱿鱼放到石板上烤之前再涂一次调味酱。

4 将鱿鱼烤至缩成卷儿，切成2厘米长的段儿。

备注

在石板上擦醋，能防止鱿鱼黏在石板上。

有时往调味酱里放入辣椒酱。半干的鱿鱼烤出味道也很好。

* 鱿鱼等需要较多咀嚼的海鲜蘸了调味酱烤比直接烤更好吃。

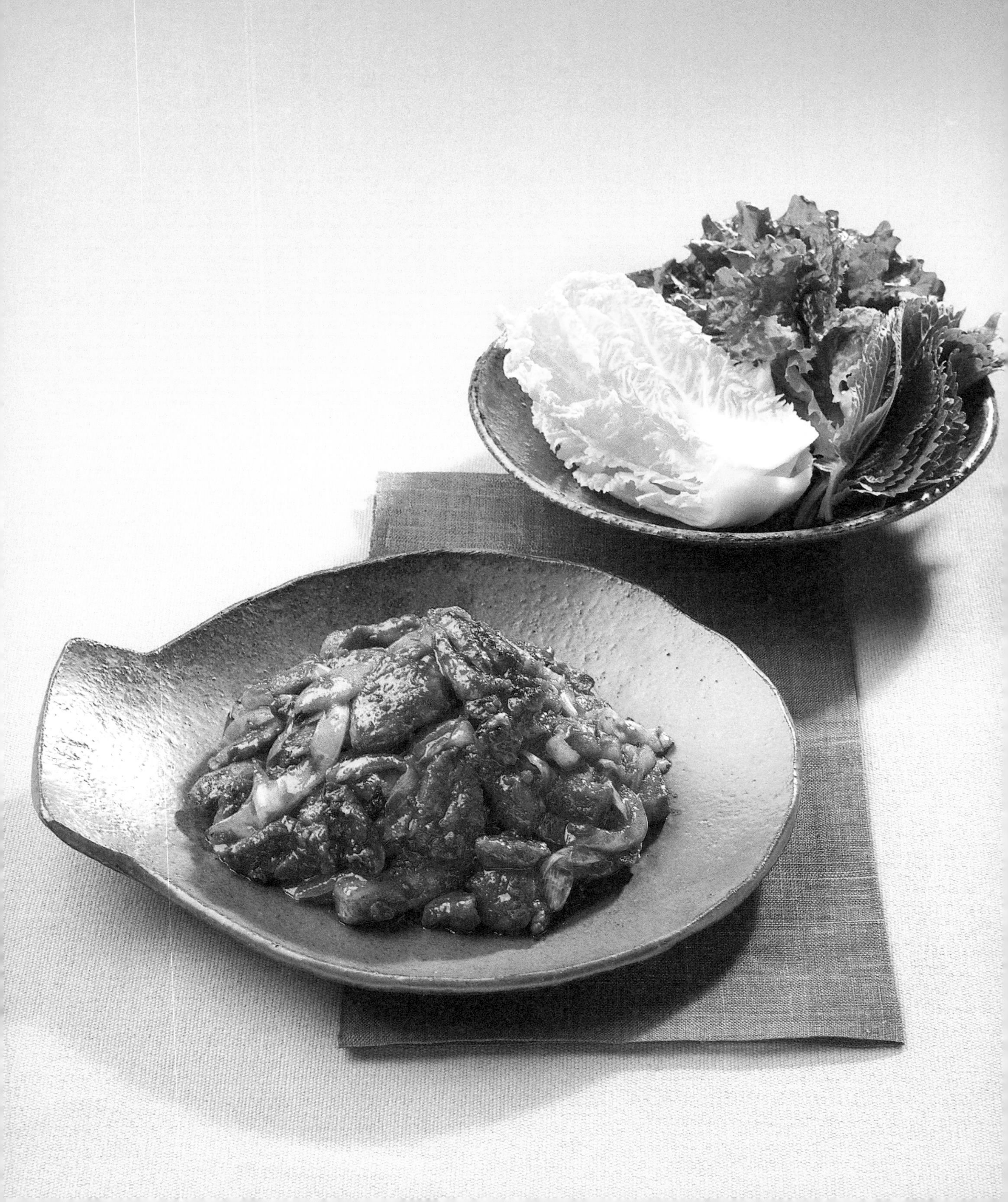

烤鸡排
(春川烤鸡排)*

材料

鸡排800克，卷心菜100克，红薯50克，洋葱50克，大葱70克，白菜叶2张，青尖椒30克，芝麻叶10克，生菜、年糕片、植物油适量

辣椒调味酱 辣椒酱2调羹，酱油1调羹，正宗清酒1调羹，辣椒粉1调羹，大蒜25克，生姜10克，糖1调羹，麻油1茶匙，梨50克，盐、芝麻少许

制法

1 把鸡洗净，剔下鸡排部分。
2 把梨擦碎，把大蒜和生姜切成末，加入上述材料拌成辣椒调味酱。
3 往鸡排里加入辣椒调味酱，拌匀，放置7至8小时。
4 把卷心菜、红薯、洋葱、大葱、青尖椒、白菜叶切成约5厘米×0.5厘米×0.5厘米的条状。
5 往烤锅里倒入植物油，放入蔬菜、年糕片、上味的鸡排肉一起炒。
6 待鸡肉熟时，剪切成大小适当的块儿。最后放入生菜与芝麻叶。

备注

春川烤鸡排传说起源于1400年前的新罗时代，"鸡排"之名最初始于洪川市。洪川鸡排是在锅中放入肉汤做出的，洪川和太白一带的人们至今仍然这么吃鸡排。而在春川，当地人把鸡肉放到石板上用炭火烘烤，于是有了炭火鸡排。随着1971年鸡排烤锅的兴起，春川烤鸡排便流行至今。

---

* 春川地区的用炭火或平底锅烤的鸡排很有名。

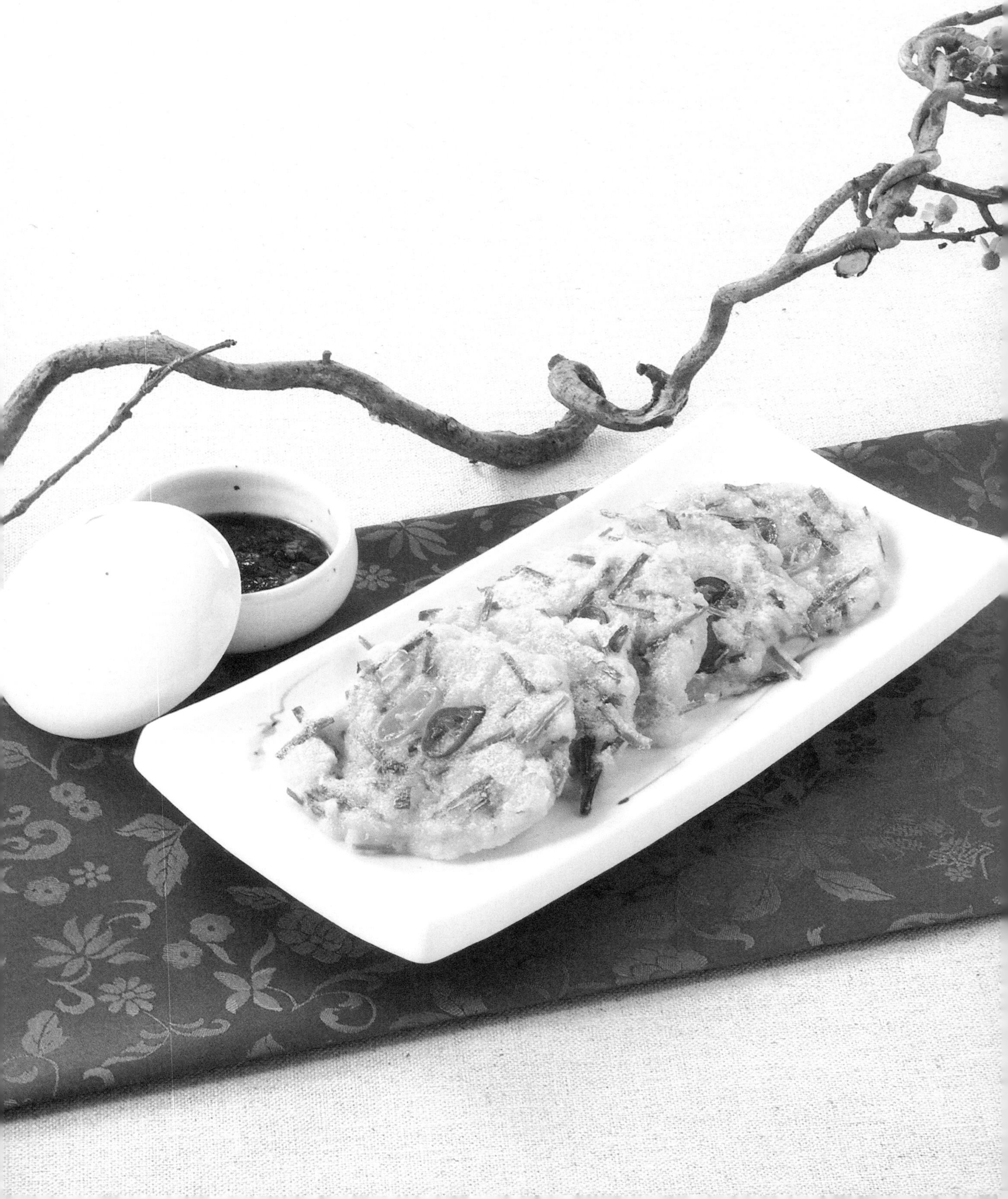

土豆小圆饼

材料

土豆1千克，韭菜50克，细香葱20克，红辣椒60克，青尖椒60克，盐少许，植物油适量

制法

1 把土豆洗净去皮擦碎，并撇除生出的水。

2 把韭菜与细香葱横切成2厘米，把红辣椒与青尖椒斜切成圈儿去籽。

3 往1中的土豆渣和沉淀的淀粉中加入韭菜、青葱、盐拌匀。

4 在煎锅里放入盖住锅底的植物油，用勺子舀3倒入锅中摊开，放入青尖椒与红辣椒，边翻边煎，并不时地用调羹压一压。

鱿鱼粉条肠

材料

鱿鱼1千克，糯米100克，淀粉150克，鸡蛋250克，牛蒡70克，黄瓜70克，胡萝卜70克(半根)，酱油2调羹，盐、麻油、鲜汤(鳀鱼、海带、水)少许

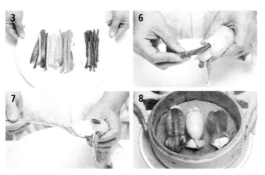

制法

1 选择新鲜的鱿鱼，从腿部入手除去内脏和骨头，把鱿鱼身体用盐腌一下后洗净，淋干水。

2 把蛋清、蛋黄分开摊皮。

3 把蛋皮、黄瓜、胡萝卜、牛蒡切成6厘米×0.5厘米×0.5厘米的丝。

4 用盐腌一下黄瓜丝，挤去水份，略炒一下。把胡萝卜丝焯一下后略炒一下，把牛蒡拌入鳀鱼鲜汤和酱油上火烧。

5 把糯米洗净，用水充分地浸泡后上笼蒸，然后加麻油和盐调味。

6 往鱿鱼肚里填入淀粉再倒出。然后往鱿鱼肚中填入切好的蛋皮、黄瓜、胡萝卜、牛蒡，最后填入蒸好的糯米。

7 用串针按十字形串入鱿鱼，上笼用大火蒸15分钟左右。

8 完全冷却后，大小适当地切开食用。

云朵糕

材料

糯米4千克，赤豆粉800克，核桃仁500克，松子200克，大枣200克，栗子 320克，盐适量，糖少许

制法

1 把糯米洗净浸泡2小时以上，加盐碾碎。

2 把糯米面过筛，蒸20分钟，然后捶打成糯米糕。

3 把栗子剥壳去衣，把大枣洗净去核。把松子用干棉布擦净并去除三角笠。把栗子、大枣、核桃3~4等分。

4 往2中的糯米糕里放入栗子、核桃、松子和大枣拌匀，掰成拳头大小的 块儿。

5 在平板上铺上赤豆粉，把4中的糕块儿裹上赤豆粉，然后将每块糕拼 成一块长方形的糕。

6 米糕被切开后会像云朵一样。

备注

味道甘甜，适合做甜点。

荞麦煎饼*

材料

荞麦粉2杯，水600毫升，盐1茶匙，植物油适量
佐酱: 泡芥菜300克，葱末1调羹，蒜末1调羹，麻油2调羹，芝麻盐2茶匙

制法

1 在荞麦粉里加少许盐，加水和成面糊。

2 挖出泡芥菜的菜心，挤干水分，横切成5厘米的段儿。

3 把2中切好的泡芥菜与葱末、蒜末、麻油、芝麻盐拌匀做成馅儿。

4 在平底煎锅里放入足以盖住锅底的植物油，把1中的荞麦面糊用勺子舀出倒入锅底，并立即摊成圆形。

5 待一面熟后，翻到另一面，贴着饼的一边放入3中备好的馅儿并摊开使馅儿正好盖住饼的1/3部分，最后把饼一层层地边煎边卷。

备注

据《救荒辟壳方》里记载，荞麦在朝鲜时代世宗大王时就已经作为救荒作物，这说明从很早以前荞麦就被大量种植。荞麦煎饼在1680年的《要录》里就以"见钱饼"之名出现，在17世纪末，《酒方文》里提到了"兼节饼法"。1938年，在《朝鲜料理》里，开始首次使用"煎饼"的名称。作为荞麦煎饼的主原料荞麦是江原道的代表性作物之一，产于高山地带沙质泥土的荞麦质量特别好。荞麦在江原道与庆北一带出产最多，类似于济州岛的"锅贴"。
原来常用灰菜或干辣椒叶作煎饼馅，如今也用泡白菜与猪肉拌馅。

---

* 一种带馅儿的油煎薄饼。

江陵橄子
(果条)

材料

糯米720克，酒2/3杯，黏米1杯，糖浆1杯半，植物油适量

制法

1 把糯米洗净，放入水中浸泡(夏天7日，冬天14~15天)后磨成粗粉。

2 把1中的糯米粉加酒和成糊，上笼蒸后一起放到石磨上碾磨。

3 把2揉成团后在糕板上碾平，使之缩至一半，切成块儿，把糕块放到热地板上烘，令其发酵。这时，不要吹风，要烘得干硬无裂缝。

4 把黏米放入锅中炒，直至炸出白米仁。筛选出白米仁放置待用。

5 当3近乎烘干时，放入油锅和油一起加热，一旦随着油温上升而开始炸便立刻捞出，裹上糖浆，趁热沾上4中的炸黏米仁。

备注

裹了炸黏米仁的点心被称作"梅花橄子"。

荞麦茶

材料

荞麦1杯，水2升

制法

1 给荞麦去皮。

2 把去皮的荞麦用水煮得略熟，稍微淋干后放入炒锅中炒黄。

3 在锅中放入2中的荞麦，加水煮沸。

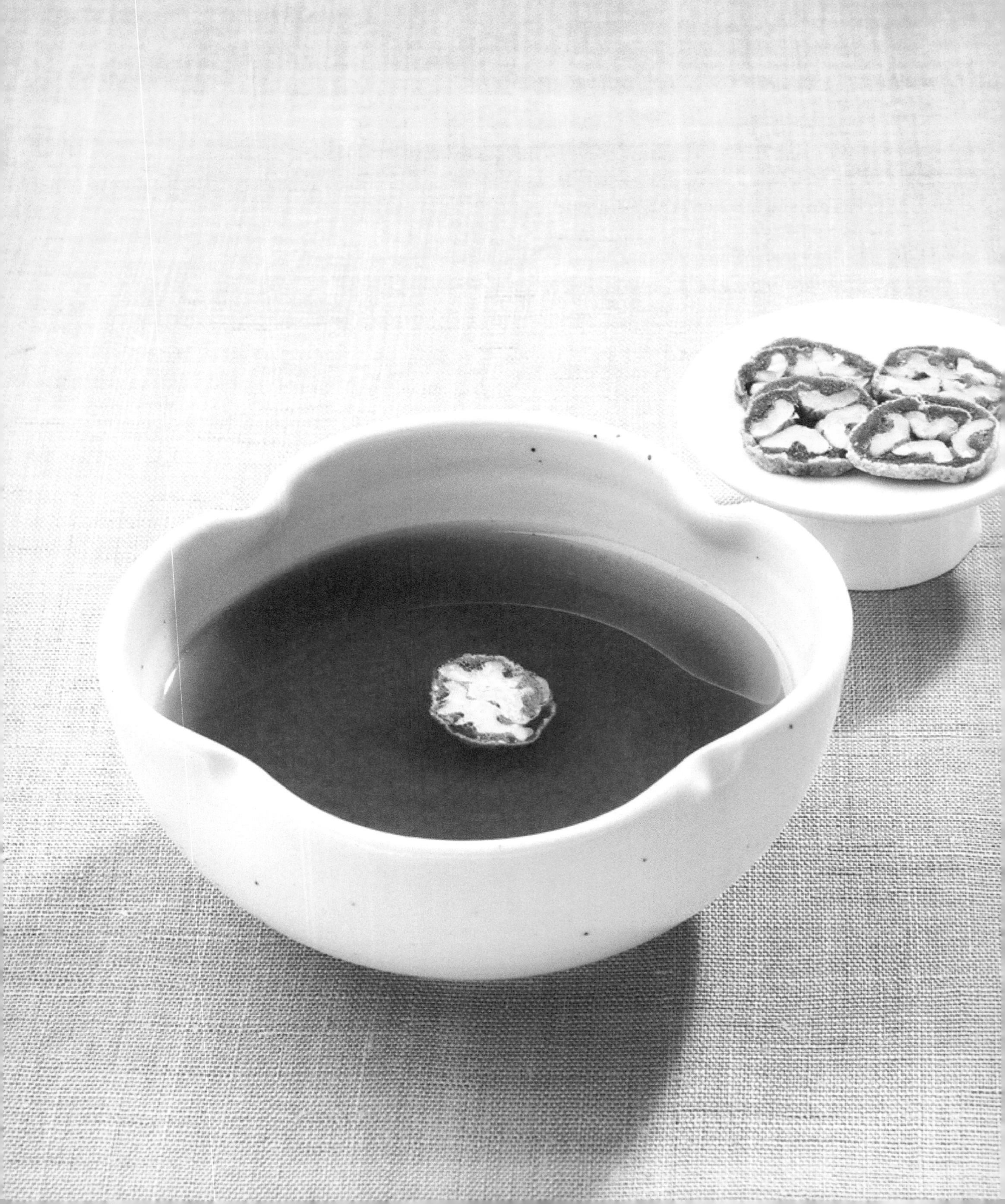

南瓜水正果

材料

老南瓜3千克，桂皮50克，生姜50克，柿饼、松子、核桃各少许，棕色糖200克，水适量

制法

1 把生姜去皮洗净，切成薄片放入水中煮。

2 把桂皮洗净放入水中煮。

3 把老南瓜去皮去瓤除籽，切成大小适中的块，放入锅中煮。

4 往3中的南瓜里倒入1中的生姜水与2中的桂皮水，继续用大火煮。

5 把煮好的4过筛或用棉布滤出汤汁，往汤汁里加入棕色糖继续煮一会儿后，放置一旁冷却。

6 用湿棉布擦净柿饼，去蒂，切开去核。

7 把核桃放入沸水中略焯后，去除膜衣。

8 往柿饼里均匀地塞入核桃并在架上充分晾干制成柿饼褒，把柿饼褒横切成0.5厘米厚。

9 往5中冷却的水正果里加入8中切好的柿饼褒和松子。

忠清北道

忠清北道位于朝鲜半岛的正中央，不与大海相连，是一片独有的内陆地带。丘陵较多，同时也有广阔的平原，稻米作物丰富。盛产大米、大麦、大豆等谷物与红薯、辣椒、卷心菜、蘑菇等。比起海鲜，更擅长用鲶鱼、鳗鱼、鲤鱼、淡水鱼等内陆水产烹制菜肴。忠清北道的人们几乎不使用调味料，喜欢享受食物的自然原味，因此当地菜肴大多简朴清淡。

忠清北道的泡菜虽也放有大蒜与辣椒，但不放虾酱，只放盐，故被称作"腌菜"或"咸菜"。冬天大多吃咸白菜，夏天吃咸萝卜，特征是几乎没有腌汁。把芥菜切碎拌入醋、盐、糖、麻油放入坛中一个晚上腌出的"咸芥菜"也很有名。

另外，当地人用猪大肠或其他动物内脏做的白菜大酱糖、解酒汤也很受欢迎。由于盛产大豆，裹了大豆粉的蒸菜、掺入大豆粉的面食或粥在当地也被普遍食用。

橡子粉饭

材料

橡子粉1瓢，鸡蛋50克，泡菜100克，紫菜2克，肉汤1.2升，芝麻1调羹，麻油少许
调味酱 酱油2调羹，葱末1茶匙，蒜末半茶匙，麻油1茶匙

制法

1 把橡子粉切成7厘米×1厘米×1厘米的粗条。

2 把泡菜挤干水每隔0.5厘米横切一刀后用麻油炒熟。把紫菜烤脆碾碎。

3 把蛋黄和蛋清分开摊皮，把蛋皮切成5厘米×0.2厘米×0.2厘米的丝。

4 把橡子粉粗条放入碗中，拌好调味酱放入，浇肉汤，放入炒好的
  泡菜、蛋丝、芝麻、碎紫菜。

南瓜羹

材料

一只约1.5千克的老南瓜，栗子200克，大枣300克，银杏20克，生姜50克，人参2根，蜂蜜200克，糯米粉100克，水3调羹

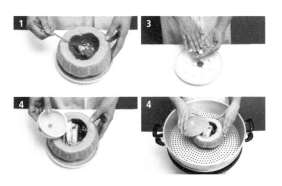

制法

1 在南瓜底部围绕瓜蒂的部分切开一下洞，大小要够手指伸进洞里。通过洞口掏尽瓜瓤与瓜籽。

2 把银杏用油略炒至外膜脱落。把生姜去皮切片。

3 把糯米粉和成面团，搓成小圆子。

4 往南瓜里面放入准备好的栗子、大枣、银杏、姜片、人参、糯米圆子，再加入蜂蜜，然后盖上1中切开的南瓜盖，放入蒸笼蒸。

备注

无论是榨汁，还是熬粥，南瓜自古就被公认为产后料理的好食材。

玉鸡白熟

材料

约1千克重的玉鸡1只，糯米335克，栗子100克，大枣10克，人参2根，黄芪4根，薏米粉3调羹，手工刀切面适量，水适量，大葱35克，大蒜20克，芝麻、胡椒粉、盐各少许

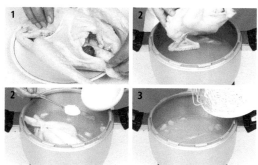

制法

1 去除鸡内脏，洗净，往鸡肚填入大枣、栗子、糯米、人参。

2 将1中的鸡放入一个大小适中的压力锅，加水淹没鸡，放入蒜瓣，大火煮。煮至鸡熟后，再加入黄芪与薏米粉继续煮。

3 煮至鸡烂熟，取出鸡。往汤水中加入约0.5厘米长的葱段，然后放入面条，煮好后再芝麻、胡椒粉调味。

备注

玉鸡是玉川地区饲养的土种鸡，黑色的鸡腿是其区别于普通土种鸡之处。"玉鸡白熟"乃药膳，吃完鸡肉后，鸡汤内可加面条或糯米面做羹。

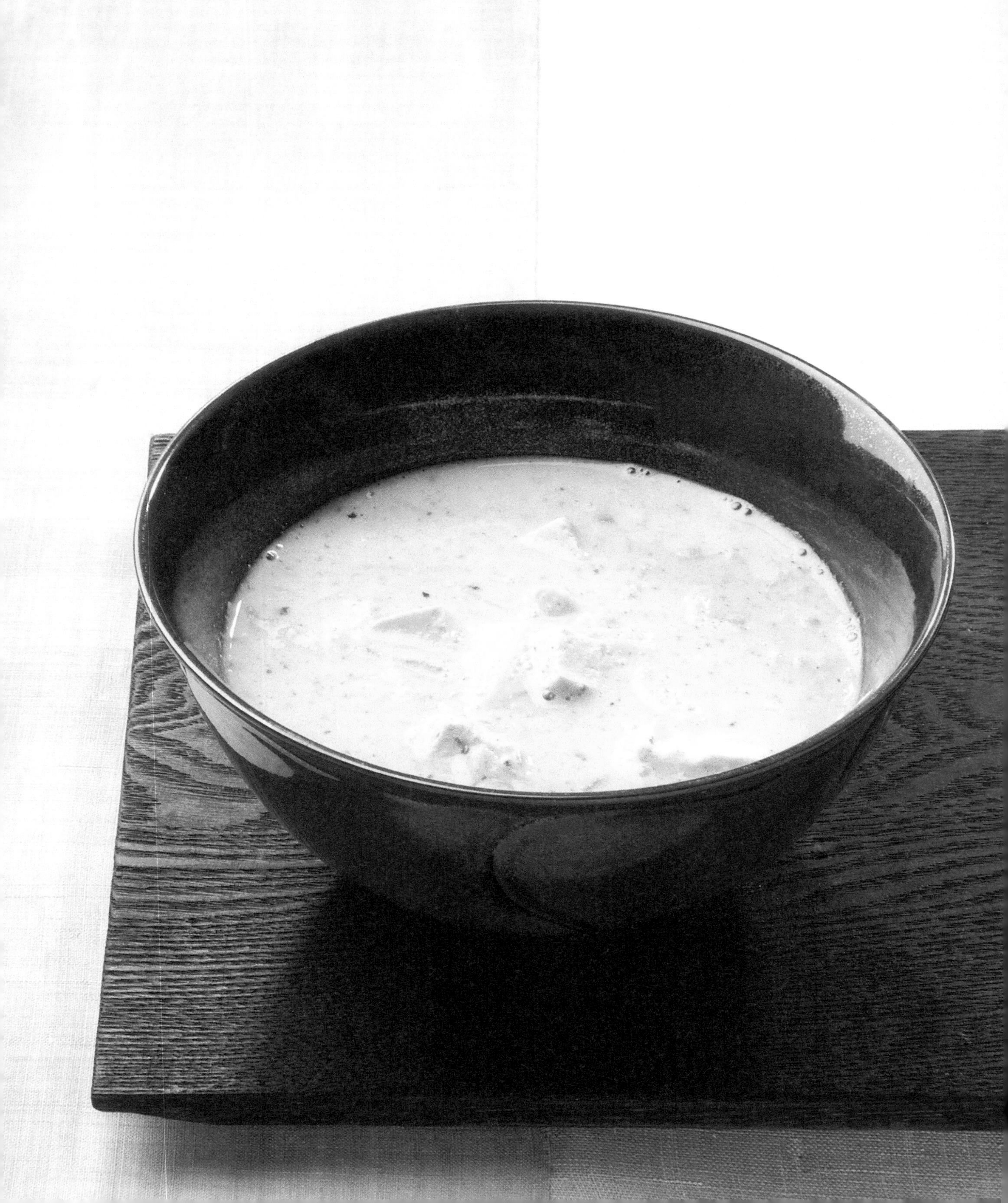

豆腐汤

材料

豆浆5杯，豆腐250克，黄豆芽200克，胡萝卜140克，土豆300克，大葱10克，大蒜10克，辣椒粉半调羹，盐少许

制法

1 把黄豆芽放入沸水中焯一下。

2 把胡萝卜与土豆切成3厘米×1厘米×0.3厘米的条状，放盐略腌。把豆腐也切成一样大小的条状。

3 锅中倒入豆浆，加入焯过的黄豆芽、胡萝卜条、土豆条后上火煮。

4 煮开后放入豆腐、葱末、蒜末，撇除浮沫后加辣椒粉与盐调味。

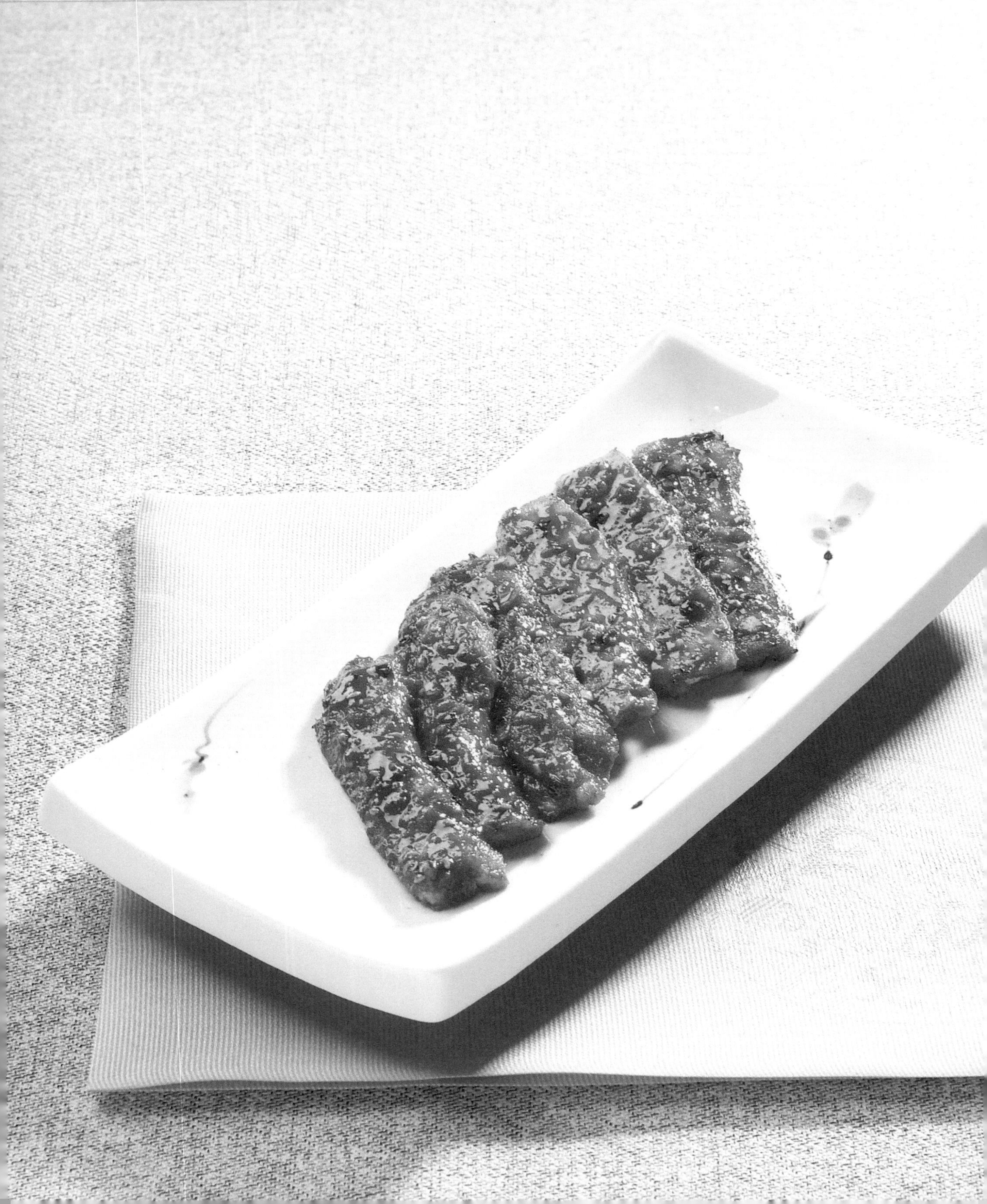

烤四叶参

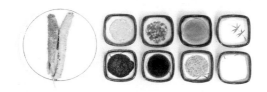

材料

四叶参300克，醋少许

调料 辣椒酱2调羹，酱油2调羹，糖2调羹，葱末2茶匙，蒜末1茶匙，芝麻盐1茶匙，麻油1茶匙

酱汁 麻油1调羹，酱油1调羹

制法

1 将四叶参去皮洗净。

2 把四叶参劈成两半儿，并用擀面杖压平、直至纤维撕裂。

3 把调料和到一起搅拌均匀。

4 用酱汁涂沫四叶参表面，再涂上醋，放到石板上进行第一次烘烤。

5 第一次烘烤后，涂抹上3中的调料，继续烤。注意别烤焦。

备注

野生四叶参乃位于月岳山国家公园附近的中原水安堡的特产，作为滋津开胃的农家菜自古就以"四参"或"白参"而广为人知。烤四叶参不仅为本地居民所爱，也深受当地游客的亲睐。

魛鲤蹦蹦矣

材料

淡水鱼(胡瓜鱼、淡水小鱼等)170克，人参(水参)10克，胡萝卜10克，大葱10克，青尖椒15克，红辣椒15克

调料 辣椒酱3调羹，蒜末半调羹，姜末半调羹，糖半调羹，水3调羹

制法

1 把小鱼打理干净后在平底锅码成一圈，上火略煎，用植物油煎黄。

2 把胡萝卜与大葱切成5厘米×0.2厘米×0.2厘米的长条，把人参与辣椒斜切成0.3厘米宽的斜片儿。

3 把各种调料混合到一起拌匀。

4 鱼煎好后，把油倒出，把3中的调料混合物涂抹到鱼身上，然后放入2中的配料，盖锅略焖片刻。

备注

魛鲤蹦蹦矣乃堤川市义林池和大清一周边的乡土风味，是把小淡水鱼在煎锅中码成一圈后煎制而成的，"蹦蹦矣"的韩语意思就是圈儿。

据鸟岭里的民间传说，北朝鲜出生的一老大爷开的馆子里卖这道菜，起初名叫"酱炖鱼"，后又改称"炸鱼"、"酱小鱼"等，直到某天，一位客人进来点菜时说"给我来个那在锅了绕一圈的魛鲤蹦蹦矣吧"，自此，"魛鲤蹦蹦矣"这个形象的名称便流传开来。

橡粉饼

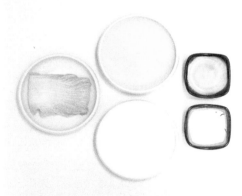

材料

橡子粉150克，面粉110克，白菜泡菜、植物油适量，水600毫升，盐1茶匙

制法

1 把橡子粉和面粉和到一起，加盐，加水，制成糊。

2 把1中的面糊过一下筛，使之更易成形。

3 在平底锅内倒入植物油，取下一片白菜泡菜叶平铺在锅底，把2中的面糊薄薄地摊到菜叶上。

4 翻煎几次至熟后起锅。

竹芋煎饼

材料

竹芋粉160克，面粉55克，青尖椒15克，红辣椒15克，青南瓜80克，水0.4升，盐少许，植物油适量

制法

1 往竹芋粉中掺入面粉加水和成糊后，将面糊过一下筛待用。

2 把青南瓜切成5厘米×0.3厘米×0.3厘米的丝，把红辣椒、青尖椒斜切成0.3厘米厚的圈儿，然后把它们拌入面糊。

3 把加热的平底锅内倒入植物油，倒入适量的面糊一张张地摊饼。

备注

吃饼时蘸的调味酱常以酱油、麻油、芝麻、蒜末、葱末调制。
去掉生竹芋的皮，切细剁碎，加水，再用木棒捣至竹芋生
粉，放置任其沉淀。再把凝固的沉淀物铲出摊在干净的纸
上，放到阳光下晾晒成竹芋粉。

酱香菇

材料 1

干香菇100克，干辣椒2根，大蒜30克，水适量，酱油4杯，姜汁1调羹，盐1调羹

材料 2

干香菇100克，酱油2杯，汤酱油2杯，糖稀2杯半，糖2杯

海带汤 海带20克，大蒜30克，生姜20克，洋葱70克，干辣椒5根，水7升

制法 1

1 往酱油里加水、姜汁、盐、大蒜、干辣椒后，加热煮沸，然后冷却。

2 往坛子里放入干香菇，倒入2中冷却的调味酱，使酱淹没香菇。

制法 2

1 水发干香菇，摘去香菇的蒂把儿，淋干水。

2 在锅中放水，加入海带、大蒜、生姜、洋葱、干辣椒煮20分钟，倒入棉布滤出汤汁。

3 往2中放入酱油、汤酱油、糖、糖稀上火煮，直至水量减少⅓。

4 把1中的香菇放入3中的汤汁内加热，然后滤出汤汁，继续将汤汁煮5分钟后冷却。

5 在坛中放入香菇，浇入4中的汤汁。

忠清南道

位于礼唐平原和锦江流域的忠清南道农田广阔、谷产丰富，因连接西海岸而海产品充足。与忠清北道一样，忠清南道的人们也喜欢自然清淡的菜肴，不爱用调味料。食物份量多。主要的饮食有大酱汤、豆瓣酱汤、粥、荞麦面条、面片、面羹与大麦饭等。当地人喜欢夏天吃鸡，冬天吃用牡蛎或蛤蜊汤做汤底的面条，而用老南瓜做的粥、南瓜羹、南瓜串糕、南瓜泡菜等也尤为普遍。

蛤蜊饭

材料

大米 300克、蛤蜊各300克，黄豆芽150克，紫菜2克，水340毫升，紫苏油1调羹

调味酱 酱油3调羹，辣椒粉1调羹，野葱末半茶匙，葱末半茶匙，

蒜末半茶匙，麻油半茶匙，芝麻少许

制法

1 把大米洗净浸泡30分钟。

2 把黄豆芽用流水洗净。

3 把蛤蜊用盐水洗净淋去水份。

4 把浸泡好的大米放入锅中，上面放上黄豆芽，然后加水煮饭。

5 饭煮沸时，放入紫苏油，加入蛤蜊肉，移到小火上焖。

6 把焖好的饭再离火放置一会儿，翻搅一遍后把紫菜烤干研末后撒入。

7 在酱油里添加辣椒粉、山葵粉、葱末、蒜末、麻油、芝麻，制成调味
酱，配以蛤蜊饭。

乌骨鸡汤

材料

乌骨鸡1只，严木、川芎、当归、黄芪、鹿角、枸杞子、苍术、甘草、大枣、栗子各适量，水3升，粗盐2调羹

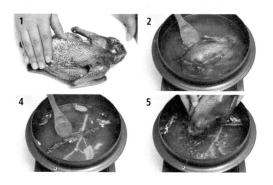

制法

1 把乌骨鸡除内脏，去血水，并用粗盐搓洗干净。

2 把清理好的乌骨鸡放入沸水中略焯。

3 剥好栗子，洗净严木、川芎、当归、黄芪、鹿角、枸杞子、苍术、甘草、大枣。

4 把严木、川芎、当归、黄芪、鹿角、枸杞子、苍术、甘草放入水中煮至出味。

5 往4中加入大枣、栗子、鸡，用大火煮。

烤钱鱼

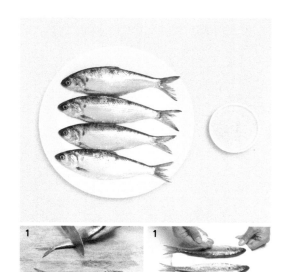

材料

钱鱼3条，粗盐半调羹。

制法

1 将钱鱼去鳞洗净晾干后撒上盐放置(不切块)。

2 把钱鱼放到烤架上，边烤边不停地翻，烤至鱼身出现棕黄色斑点。

油煎南瓜串儿

材料

南瓜干100克，青葱100克，牛肉200克，糯米面100克，豆油1调羹，水100毫升

牛肉拌料 酱油1调羹，葱末2茶匙，糖1调羹，麻油1茶匙，芝麻盐2茶匙，胡椒粉⅓茶匙

南瓜干拌料 葱末2茶匙，酱油1调羹，麻油1茶匙，芝麻盐2茶匙

制法

1 选择厚实的南瓜干用水泡发后，切成6厘米的长条，倒入拌料。

2 将牛肉切成6厘米×1.5厘米×0.5厘米的长条，倒入拌料。

3 把青葱切成6厘米长的段儿，拌入麻油。

4 把糯米面和成糊。

5 把南瓜干、牛肉条、青葱段间隔着串到串针上，为了美观尽量把南瓜干串到两端。

6 往平底锅里倒入一些食用油，把5中的串儿蘸一下4中的糯米面糊后放到平底锅里煎。

备注

蘸了调料的南瓜干串裹上糯米面糊油煎后美味而模样可爱。

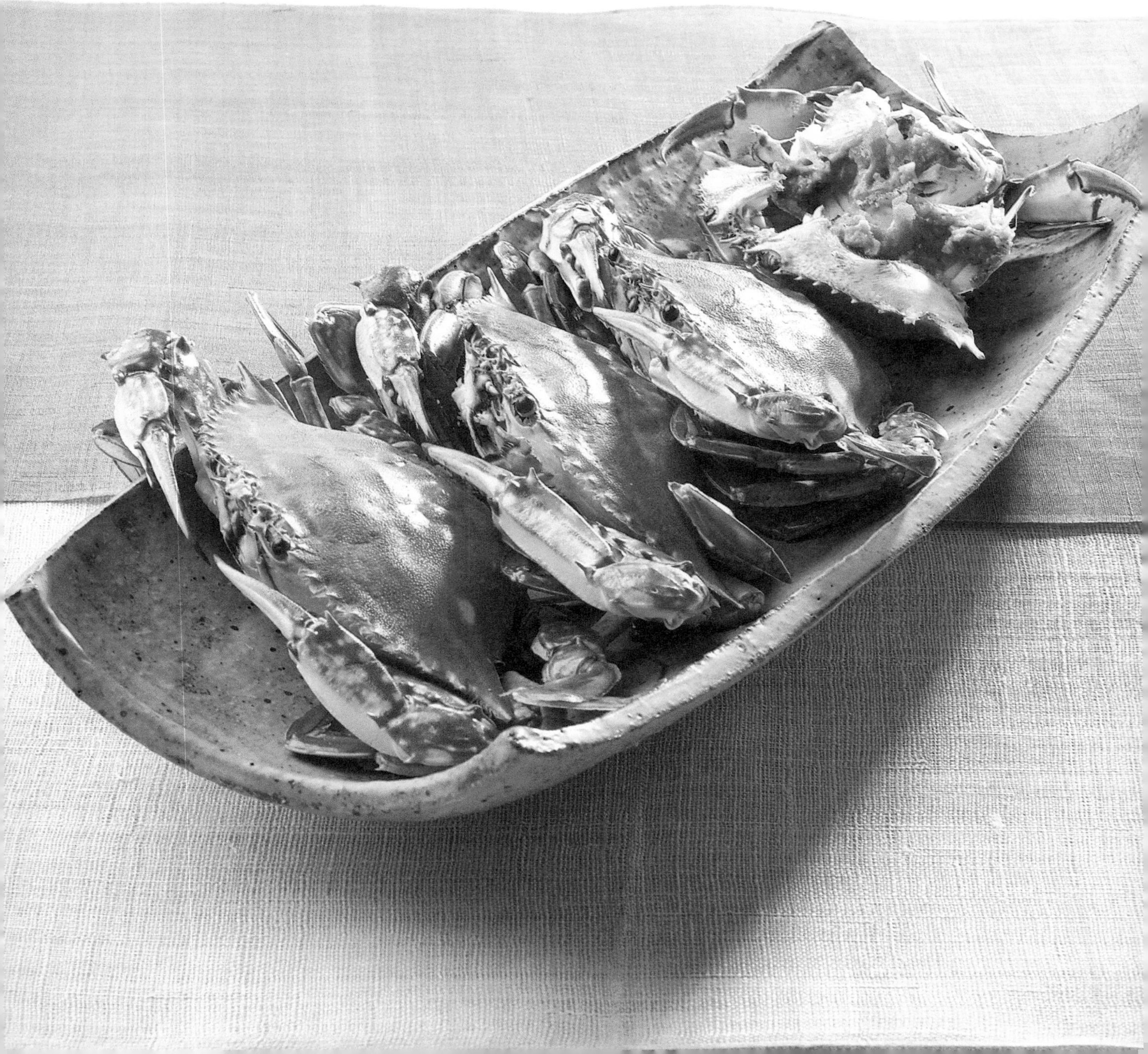

蒸母蟹

材料

母蟹1千克(4只)，大酱1调羹，水适量

山葵酱 酱油4调羹，山葵粉，水少许

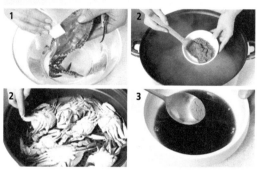

制法

1 在4月、5月，把抓到的母蟹放入酒中喂泡后，再用流水洗净。

2 在锅中放入水，加大酱，把母蟹肚子朝上地放入，上火蒸。

3 把山葵粉加水和匀，再加入酱油制成山葵酱。

4 吃蒸母蟹时蘸山葵酱。

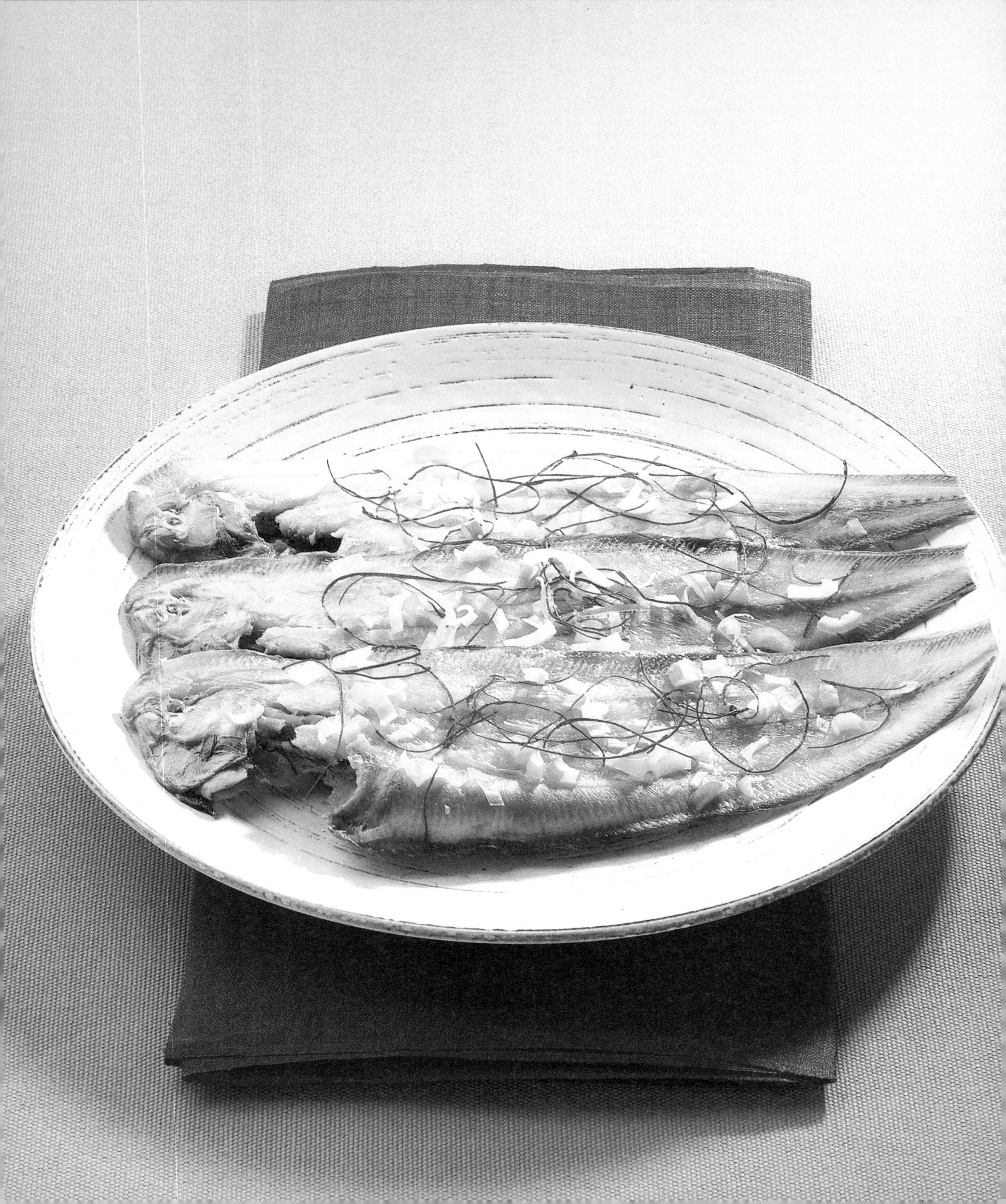

清蒸比目鱼

材料

干比目鱼100克，大葱10克，麻油1调羹，红辣椒丝适量

制法

1 把洒了盐晒干的比目鱼放入水中浸泡洗净，然后用干棉布擦拭。
2 用酒、麻油涂抹鱼身。
3 把2中的比目鱼放入蒸锅，一直蒸到冒热气。
4 往比目鱼身上撒入葱末和红辣椒丝，盖锅，蒸到再次冒热气为止。

备注

比目鱼产于韩国忠清道，形状如树叶或鞋底，鱼肉清淡，可
用于多种料理。常被腌制后晾干保存。
在韩国的西川地区，比目鱼属于被大量食用的鱼，当地人将
鱼去皮晾干后保存。料理时，或蒸，或油煎。

拌乌贼

材料

乌贼10条，洋葱160克，水芹50克，黄瓜70克，胡萝卜50克，红辣椒、青尖椒各15克，盐少许，芝麻少许

调料 辣椒酱、醋各2调羹，糖1调羹，蒜末1茶匙

制法

1 把乌贼用淡盐水浸泡后把头翻过来清除内脏，擦洗后用水反复冲洗干净后淋干水份。注意别过分用力地搓洗。

2 用加了盐的沸水把乌贼一只一只地焯一下，然后切成大小适当的块。

3 把洋葱切成0.2厘米厚的洋葱圈儿。把黄瓜劈成两半，去籽，斜切成0.3厘米厚的片，把胡萝卜切成5厘米×1厘米×0.3厘米的片，把水芹 每隔5厘米横切一刀，把青尖椒和红辣椒斜切成0.3厘米厚的圈儿。

4 往辣椒酱里加入醋、糖、蒜末，拌匀。

5 往3中的蔬菜拌入4中的调料后放入乌贼，再略拌一下，撒入芝麻。

备注

味道辣点儿更好吃。

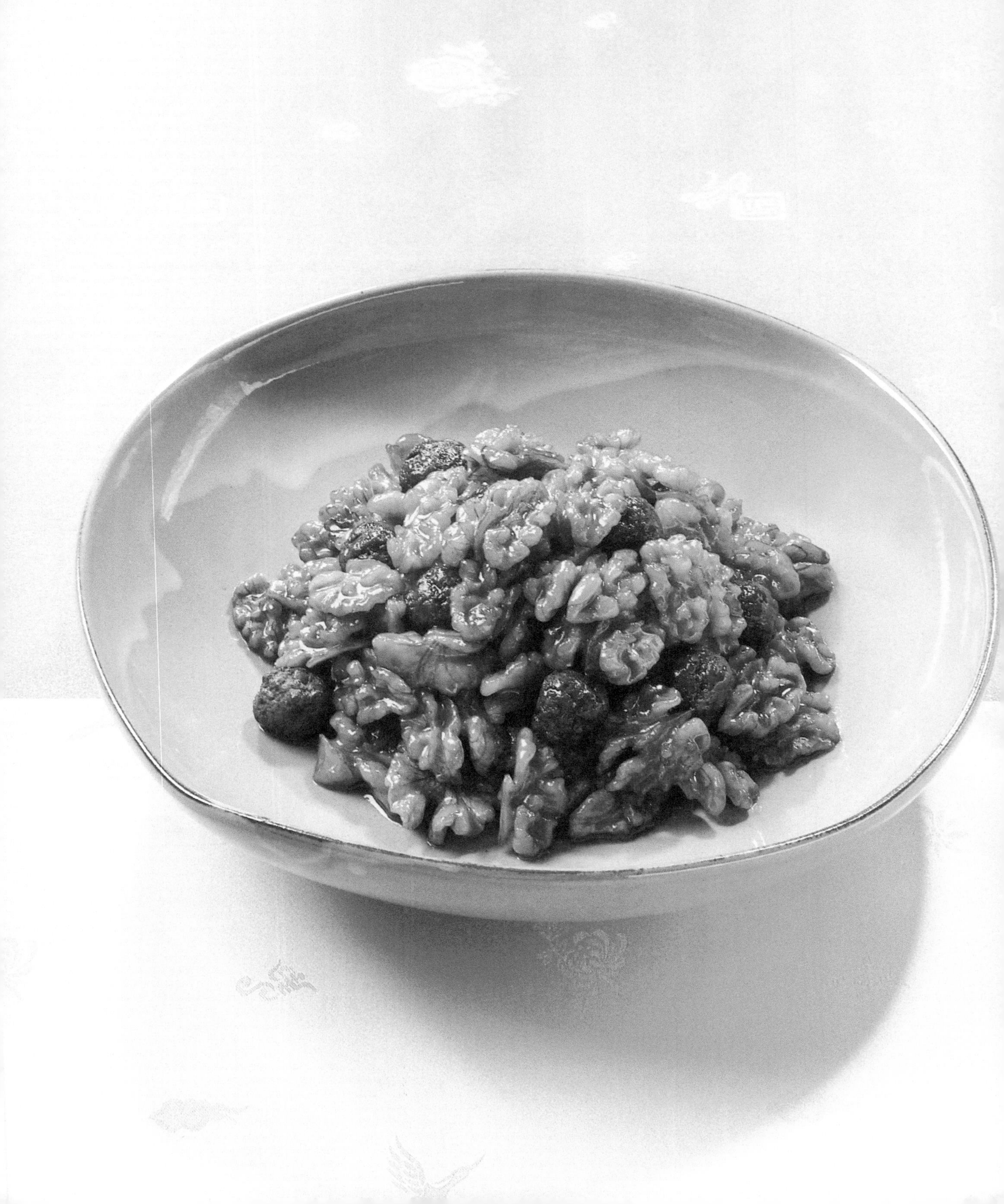

酱核桃

材料

核桃仁240克，牛肉100克，水140毫升，酱油3调羹，糖稀1调羹。

牛肉调料 酱油1茶匙，葱末1茶匙，蒜末半茶匙，芝麻盐1茶匙，麻油1茶匙

制法

1 把核桃仁放入沸水中直至全都浮出水面，离火放置10分钟左右，感觉核桃仁的涩味已去便可用冷水冲凉，然后淋干水份。

2 将牛肉切碎，拌入上述调料，揉成直径约1.5厘米~2厘米的肉圆。

3 往水中加入酱油煮沸，放入2中的肉圆，熟时放入核桃。

4 水变少时，倒入糖稀勾芡。

人参正果

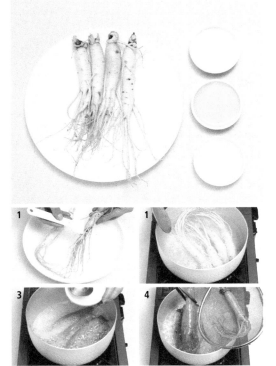

材料

人参(水参)4根，糖6调羹，糖稀2调羹，蜂蜜1茶匙，水适量

制法

1 用刷子把人参(水参)刷洗干净，然后放入水中用大火煮。

2 在锅中放入煮好的人参，并均匀地倒入1中煮人参的水，然后加糖(人参:糖=2:1)用慢火炖。为防止糖水凝结成块，在加热过程中不要搅拌。

3 糖水减至一半时加糖稀，用微火继续炖，这时也不要搅拌。

4 待糖水几乎烧干，人参变得富有光泽、透明发亮时，加入蜂蜜，拌匀后起锅。放入的蜂蜜会增添光泽与香气。

备注

"人参正果"自古就被认为是内室糕点，其壮阳益精的效果广受肯定，甚至引发了谚语"人参正果乃内室之必备"的盛传。

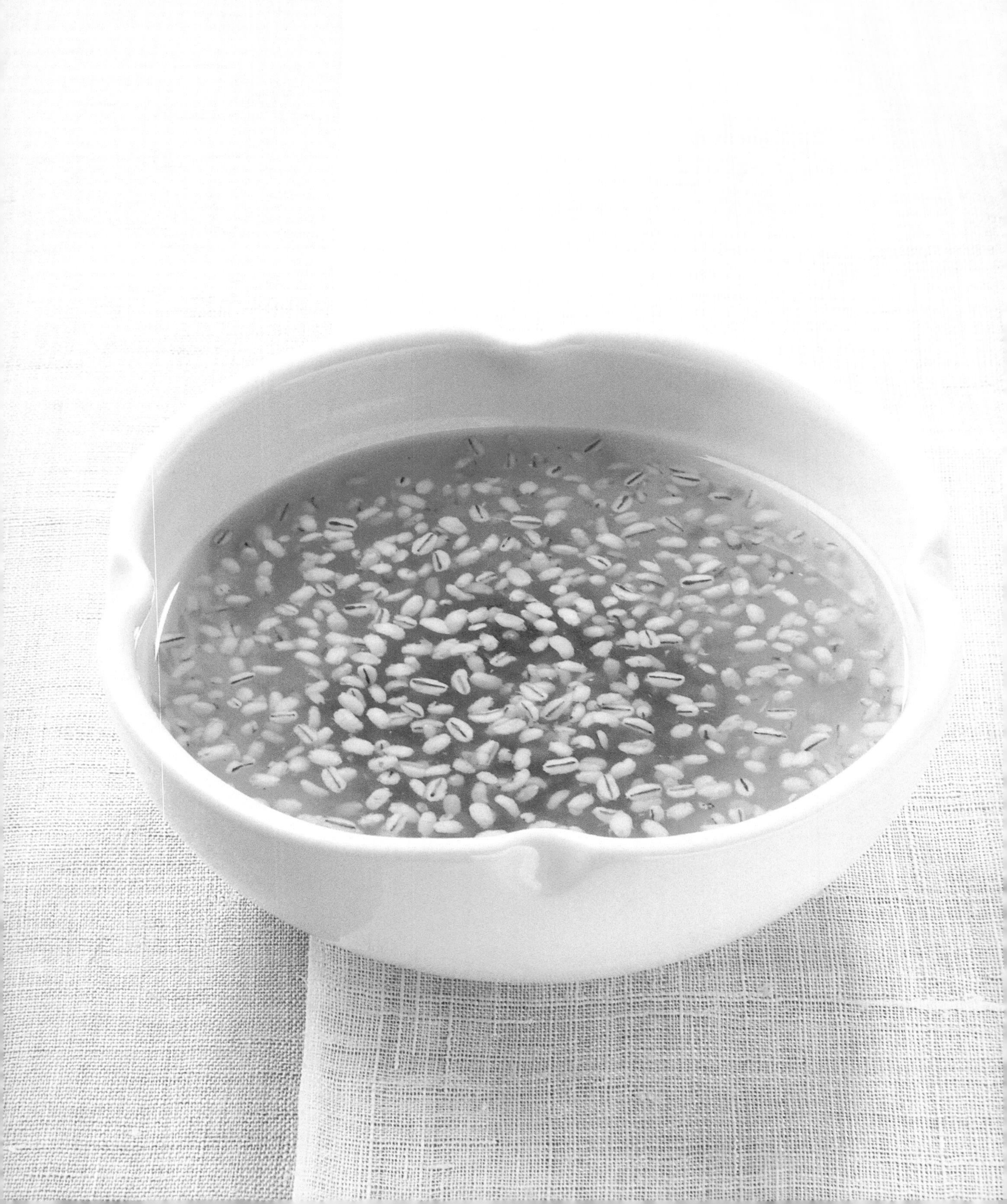

大麦甜酿
(大麦甘酒, 大麦淡酒)

材料

大麦食醢630克，碎麦芽120克，水3升，酵母半杯，糖2杯

制法

1 把碎麦芽放入水中，用手搓揉碾压，然后倒入筛中，边过滤边用手不停地搅拌辅助液体下流。

2 待碎麦芽沉淀后，撇出上面的一层溶液。

3 往大麦饭里加入酵母，揉拌几下后，加入2中的液体搅匀。

4 放置于50℃~60℃的地方发酵一个晚上，待到饭粒圆鼓起来时，用筛子过滤，往滤液里加糖后上火煮。

5 待煮开的滤液冷却后再加入饭粒。

备注

把饭用麦芽发酵制出的饮料叫"食醢"，有时食醢里还会悬浮几粒松子。如果冷却后不放饭粒，那滤液就称作"甘酒"。

据韩国的《我国饮食大法》一书记载，"比起用糯米酿制的食醢，用籼米酿制的食醢更绵软"。起初，人们加的是蜂蜜，自《朝鲜料理法》之后，所记载的主要都是加糖的。

另外，为了使食醢的色与味更好，还会加入柚子、石榴、大枣、栗子等，但据《松闻事说》记载，"不剥柚子皮，往饭里埋入带皮的柚子，这不仅味道更香，也使饭粒更饱满圆润、光洁透亮"。

在大米供应不足的时代，人们常吃大麦饭，也就用大麦饭制作甘酒。把清凉甜爽的大麦甘酒倒入木碗中，放在精致的垫子上，围坐到一起尽情欢饮。

全罗北道

全罗北道位于韩国耕地最多的湖南平原，连接西海，山地多，生产的大米占全国大米产量的16%，可谓韩国农耕文化的中心地域，而该地区以水产品丰富及山区盛产人参、桔梗和五味子等而闻名。

全州的大米饭、红薯饭、黍米饭、拌饭、黄豆牙汤饭和黄豆牙饭都很有名。农历年初一早上吃的年糕汤主要以鳀鱼、牛肉或野鸡做汤底，而平常吃的黄豆牙汤或海带汤只用盐调味。

除了一年一度的入冬时节的泡菜日里做的大量泡菜，平时做的泡菜都不放辣椒粉，大多只在糯米糊或米饭中拌入大蒜末、生姜末、整尖辣椒丝、红辣椒丝等加盐腌制并撇除渍水后将之夹到白菜叶间。

全罗道的薄糯米糕和大麦糕都很有名。其中的糯米团作为小菜尤其受喜爱，它是将糯米面掺入辣椒酱揉成一个个的米团并油煎后放入由酱油、糖、辣椒粉煮沸拌制成的调味酱里蘸一下冷却而成的。

全州拌饭*

材料

大米540克，生拌牛肉(或炒牛肉丝)150克，牛骨高汤800毫升，黄豆芽100克，水芹100克，青南瓜200克，桔梗100克，蕨菜150克，花菇10克，萝卜80克，黄瓜70克，胡萝卜70克，绿豆凉粉150克，鸡蛋400克，糯米辣椒酱70克，油炸海带片、松子、植物油各适量

拌肉调料 酱油1茶匙，清酒1茶匙，麻油1茶匙，蒜末、芝麻、糖各少许
拌菜(黄豆芽、水芹、青南瓜、桔梗)调料 盐、蒜末、芝麻盐、麻油各适量
拌蕨菜、花菇的调料 酱油、蒜末、芝麻盐、麻油各适量
拌萝卜的调料 辣椒粉、盐、蒜末、姜末各适量

制法

1 在牛骨高汤中加入大米，煮成米饭。把米饭摊入盘中冷却。
2 把上述的牛肉拌料加入生牛肉中拌成生拌牛肉。
3 把黄豆芽和水芹用沸水焯一下后，加入上述调料拌匀。
4 把青南瓜切片后用盐腌一下挤出水份，把桔梗切成细条用盐腌一下后洗净淋干水份。再把它们一起放入上述的调料用植物油炒一下。
5 把蕨菜放入水中浸泡1～2小时后，放入沸水中煮软，然后切成段儿，把花菇用水浸泡后切丝，放入上述调料炒一下。
6 把萝卜切成细丝，用上述拌料拌匀，把黄瓜和胡萝卜也切成丝。
7 把绿豆凉粉切成薄片，把鸡蛋的蛋白和蛋清分别摊成蛋皮后切丝，把油炸海带片切成小片儿。
8 盛饭入碗，美观地摆入各种备好的材料，上面浇入辣椒酱。
9 根据个人喜好，也可打入生鸡蛋，配以松子。

备注

全州优良的水质与气候非常适宜培养黄豆芽。全州拌饭常配以清爽的豆芽汤、炒辣椒酱、麻油与水泡萝卜，而生拌牛肉则是其美味之源。

* 拌饭作为韩国深具代表意义的保健食品广为人知。

黄登拌饭
(生肉拌饭)

材料

大米360克，牛肉(生拌用)200克，黄豆芽100克，菠菜80克，绿豆凉粉80克，做饭用的水470毫升，鸡蛋200克，紫菜末、盐少许

拌肉调料 酱油2调羹，蒜末1调羹，麻油1调羹，糖1调羹，辣椒粉2茶匙

调味酱 酱油4调羹，葱末2调羹，蒜末1调羹，麻油1调羹，辣椒粉2茶匙

制法

1 在锅中放入浸泡过的大米加水煮成饭。

2 把牛肉切成5厘米×0.3厘米×0.3厘米的丝，加入上述调料拌匀。

3 把黄豆芽和菠菜分别用沸水焯一下。只把菠菜用盐调味。

4 把绿豆凉粉切成与牛肉丝一般大小。

5 把上述材料用调味酱拌一下。

6 在饭中拌入黄豆芽和调味酱后盛入碗中，盖上菠菜和生拌牛肉。

7 加了紫菜末、黄白蛋丝和绿豆凉粉后，可根据个人喜好淋麻油。

备注

拌饭常配以牛血汤。

有关拌饭的起源与传说可谓五花八门，例如下列几种：

① 宫中饮食的说法，传说朝鲜时代的皇帝和众臣一起吃午饭时会选择 拌饭作为一种简餐。

② 战时机内餐，在飞行避难的途中，由于餐具与食物都很缺乏，就用 饭与几种菜蔬拌成一种方便而美味的食物伺候皇室人员。

③ 农忙季节便当，农民们农忙时没有时间准备丰盛的饭菜，也不方便 带很多餐具与饭菜到农田里，于是就吃起只需一只大碗的拌饭了。

④ 东学运动期间的供应餐，也是由于餐具不足便把饭菜拌起来吃了。

⑤ 分食祭祀用过的食物，把从祭坛上撤下的食品均分到每人的碗里。

⑥ 除旧迎新时陈饭剩菜的混合，为了在新的一年里有个全新的开始，在除夕那天要把旧年的一切陈饭剩菜都拌到一个大碗里吃完。

全州黄豆芽汤饭

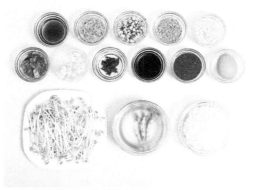

材料

饭420克，黄豆芽200克，大葱20克，鸡蛋100克，煮熟的鱿鱼半条，虾酱汤3调羹，炒泡白菜、芝麻盐、辣椒粉、盐各少许

黄豆芽调料 酱油2调羹，蒜末2调羹，辣椒粉2调羹，麻油1调羹，芝麻盐1调羹

汤料 鳀鱼酱汤(鳀鱼、海带、水)600毫升，煮黄豆芽的汤水600毫升

制法

1 把黄豆芽摘洗干净，用加盐的沸水略焯，捞出豆芽，留焯过的水待用。

2 把大葱斜切成葱花。

3 往焯过的豆芽里加入上述调料搅匀。

4 把鳀鱼酱汤和焯过豆芽的水混合，倒入锅中，加入饭、拌好的黄豆芽、虾酱汤煮沸。

5 加入大葱和炒泡白菜、芝麻盐、辣椒粉。

6 也可放入生鸡蛋或煮熟的鱿鱼。

备注

黄豆芽多放些会更好吃。

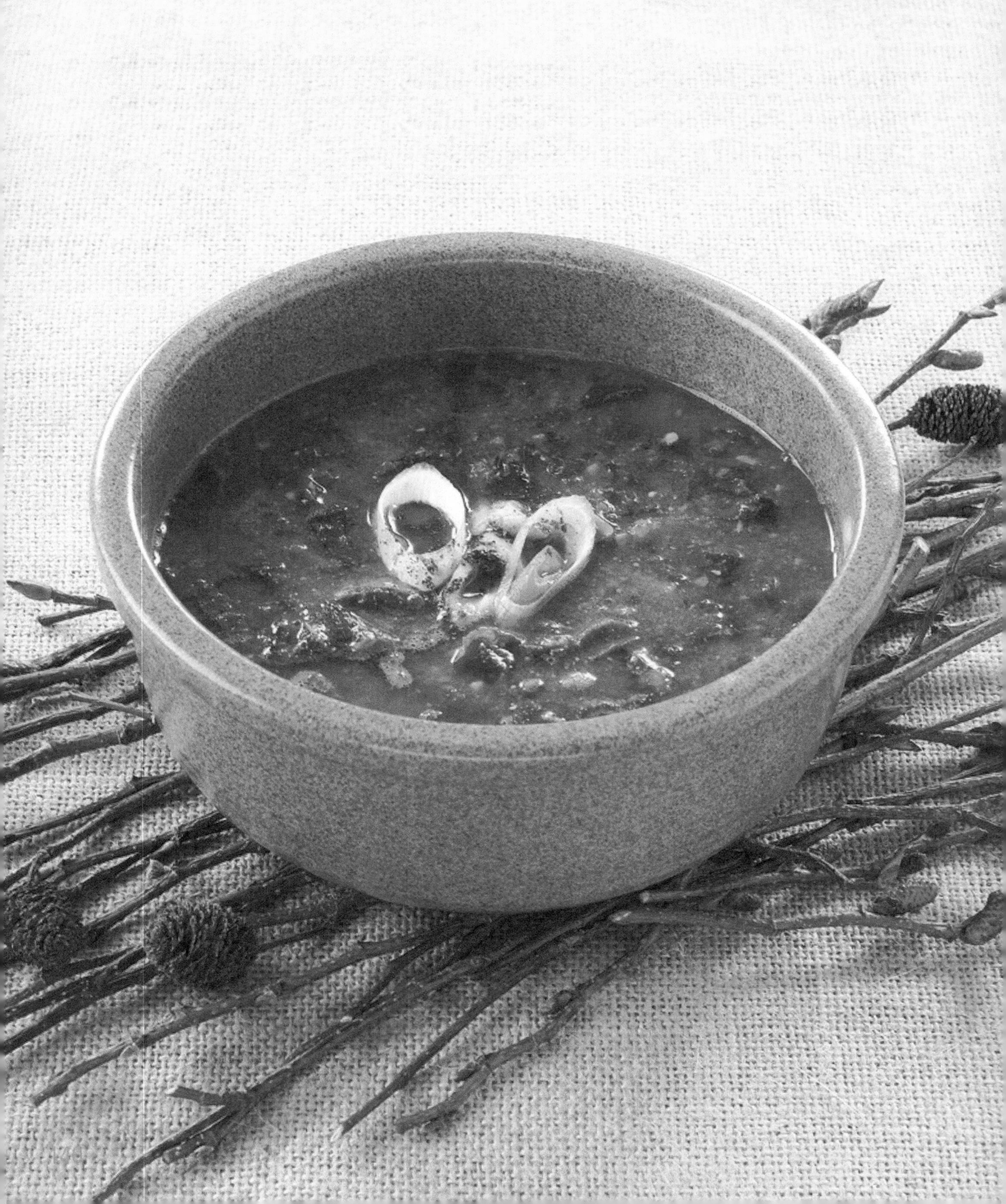

鳅鱼汤

材料

泥鳅300克，干萝卜叶80克，洋葱40克，生姜20克，大葱20克，水800毫升，紫苏粉2调羹，蒜末2调羹，汤酱油2茶匙，辣椒粉调料2调羹，胡椒粉，山椒粉，盐少许

干萝卜叶调料 大酱3调羹，辣椒酱1调羹，蒜末1调羹

制法

1 把洋葱和生姜切块放入沸水中，加入泥鳅大火煮沸。

2 把泥鳅煮至翻滚，捞出放入筛中颠簸，使肉脱骨掉落（也可用搅拌机搅碎）。滤出洋葱和生姜，留煮泥鳅的汤水待用。

3 把干萝卜叶用沸水焯一下后切碎，加入调料拌匀。

4 往煮泥鳅的汤水中加入拌了调料的干萝卜叶和泥鳅肉，大火煮沸。

5 加入紫苏粉、蒜末，用汤酱油和盐调味，最后加入胡椒粉和葱花。

6 佐以拌入辣椒粉调料的山椒粉。

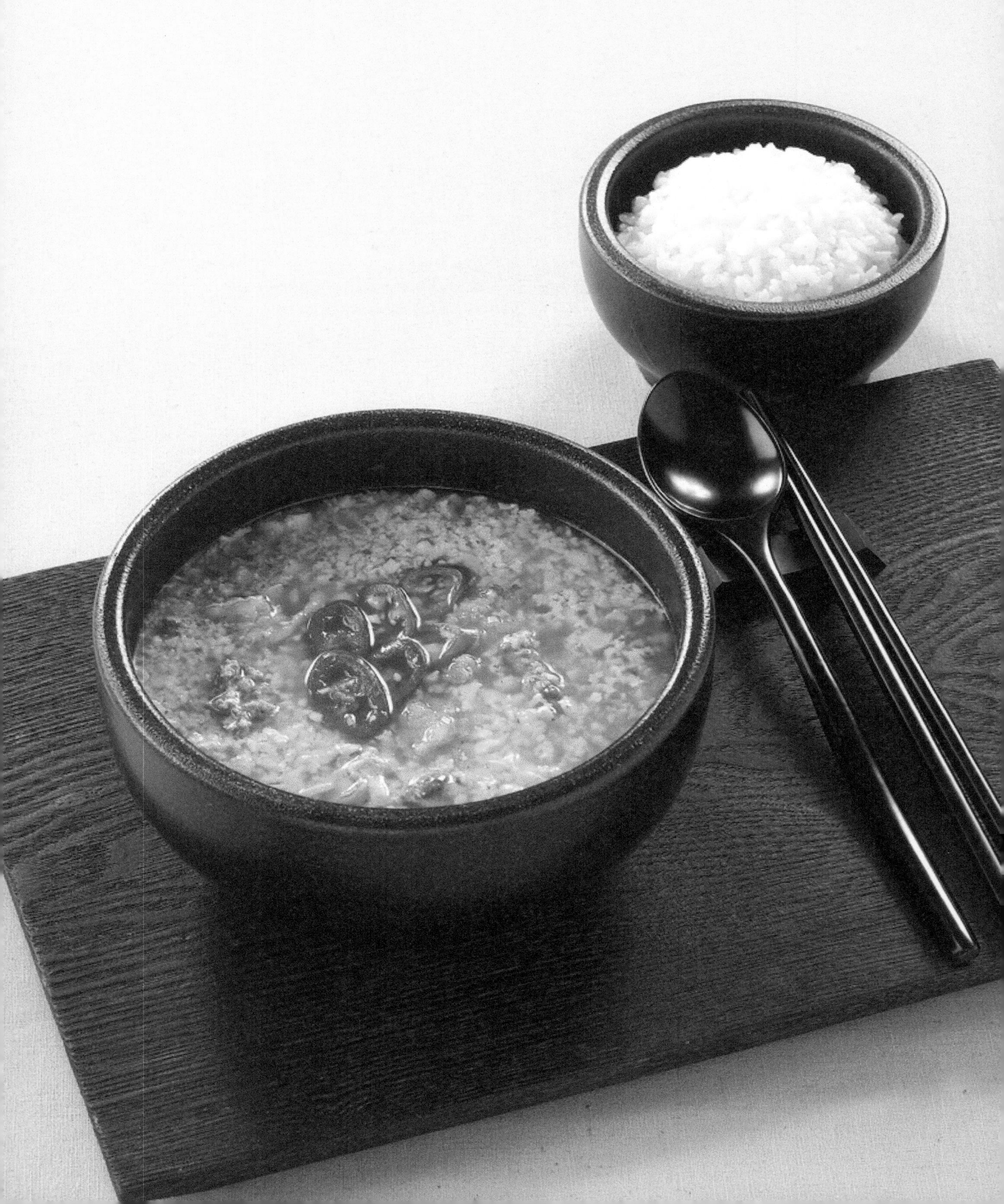

炖豆腐花

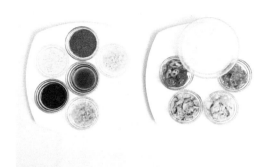

材料

豆腐花500克，猪肉馅200克，大葱20克，青尖椒8克，红辣椒8克，清酒，麻油少许

鲜汤 蛤蜊肉100克，水600毫升

调味酱 酱油1茶匙，蒜末3调羹，辣椒粉2调羹，姜汁2茶匙，酱汤2调羹，盐少许

制法

1 把上述材料拌匀制成调味酱。

2 把大葱斜切成葱花，把青尖椒和红辣椒斜切成细圈。

3 往锅中倒入麻油，放入猪肉馅，加清酒炒熟。

4 在锅中加冷水，放入蛤蜊肉，煮沸，制成鲜汤。

5 把鲜汤倒入3中，大火煮沸。

6 当鲜汤翻滚时，放入豆腐花和调味酱再次煮沸。

7 加入葱花、青尖椒圈、红辣椒圈再略煮一会儿。

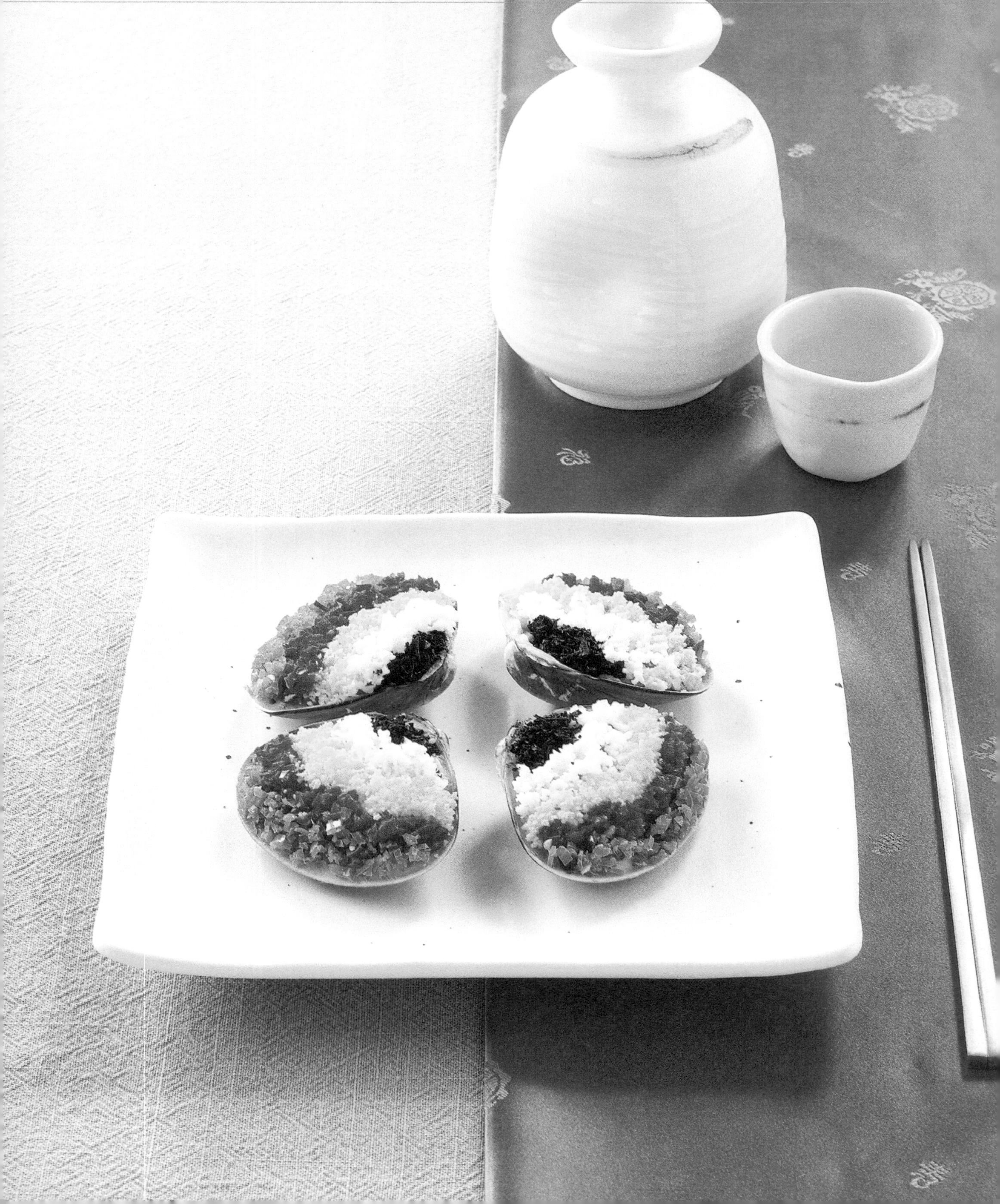

蒸大蚌
(蒸生蚌)

材料

大蚌(生蚌)2千克，豆腐170克，牛肉50克，鸡蛋200克，木耳5克，红辣椒60克，青尖椒60克，面粉2调羹

调料 酱油半调羹，葱末、蒜末、糖、芝麻盐各适量，麻油少许

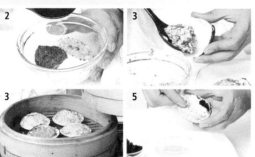

制法

1 把大蚌在盐水中浸泡除腥，洗净。

2 干净地剥离出蚌肉。将蚌肉、豆腐、牛肉混合，拌入上述调料。

3 把蚌壳洗净，擦干水份，把2中拌好的蚌肉放入壳中，在上面撒上面粉，打入一只蛋黄，上笼蒸。

4 把剩下的鸡蛋煮熟后，将蛋白与蛋黄分离，过密筛制成粉状。把木耳、红辣椒、青尖椒切好备用。

5 在蒸熟的3上面美观地撒上4。

备注

把拌入牛肉、蘑菇等放到蚌壳里蒸熟制成的"蒸蚌肉"尤其适宜春、秋两季食用。不仅《增补山林经济》中有对"蒸大蚌"的记载，在《我们的饮食》、《世界家庭饮食》、《韩国饮食》、《韩国的传统饮食》中，都有关于"蒸大蚌"的记录。

《山林经济》里介绍了大蚌的料理方法，"蚌肉不用来生吃，也不用来做汤，把干蚌肉放到饭上面蒸了吃较好。还可用生蚌肉制成蚌肉酱。"

此外，蒸大蚌曾是祭坛上必有的食物。

全州琼团

材料

糯米900克，栗仁、枣丝、柿饼肉各半杯，糖75克，水150毫升，盐1调羹

制法

1 把糯米洗净在水中浸泡5小时以上，加盐研磨后过筛制成米粉。

2 往沸水中边一点点地撒入糯米粉边搅拌，制成柔软的糯米糊。

3 把糯米糊放入棉布中，一点点地挤出板栗大小的糯米团。

4 在大锅中倒入水，加糖，煮沸，把糯米团下到沸水中煮。

5 待糯米团浮出水面时，捞出用冷水冲凉，然后放置一旁淋干水。

6 把栗仁、枣丝、柿饼肉分别撒入盘中，把煮熟冷却的糯米团放在上面，然后再撒些栗仁、枣丝、柿饼肉到糯米团上。

全罗南道

全罗南道的食物种类多样。靠近西海岸的人们常吃海鲜食品，而在东北的山岳地带人们则多食用山菜。

在全罗南道，鳐鱼因为很珍贵而成为婚礼酒席上必不可少的一道菜。全罗南道的泡菜是往白菜、萝卜、萝卜叶、黄瓜、芥菜、苦菜、葱、青尖椒、大蒜、蒜苗、蒜苔等各种主材料中拌入大量腌鱼和辣椒粉制成的，带有汁水。全罗南道的米糕是在米粉中加入了大量的盐和糖，并放有苎麻叶或艾叶使之成为绿色。

竹筒饭

材料

梗米150克，糯米30克，大麦30克，黑米10克，栗子130克，银杏30克，大枣16克，水适量

制法

1 把梗米、糯米、糙米、大麦、黑米洗净混合拌匀，用水浸泡一天。

2 用1中浸泡好的杂谷盛满竹筒的60%，加水，使水位高于杂谷1厘米。

3 把去皮去壳的栗子、银杏、大枣、松子放入竹筒，用韩纸蒙盖好。

4 往锅里倒入水，将竹筒放入锅中，水位要满过半个竹筒。

5 上火蒸约40分钟后，离火放置5～10分钟再开锅。

生牛肉拌饭

材料

饭840克，牛肉200克，黄豆芽100克，菠菜100克，青南瓜100克，松茸蘑菇100克，萝卜丝100克，生菜5克，鸡蛋200克，紫菜末5克，辣椒酱4调羹，辣椒粉1调羹，葱末6调羹，蒜末3调羹，盐1调羹，汤酱油、麻油、芝麻盐各少许

制法

1 把牛肉逆着纹路横切成5厘米×0.2厘米×0.2厘米的丝，拌入麻油、芝麻盐。

2 把黄豆芽洗净，加盐，在沸水里焯一下，然后加葱末、蒜末、盐、麻油拌匀。

3 把菠菜用沸水焯一下捞出用冷水冲凉，挤干水份，加葱末、蒜末、汤酱油、麻油拌匀。

4 把泡好的蕨菜用沸水略焯，加蒜末、汤酱油、麻油、芝麻盐炒熟。

5 把青南瓜切成5厘米×0.2厘米×0.2厘米的丝，把松茸蘑菇用手扳开，加盐用麻油炒一下，把生菜切成0.2厘米宽。

6 往萝卜丝中加入辣椒粉、蒜末、盐、麻油、芝麻盐拌一下。

7 盛饭入碗，摆入上述备好的各种材料，加入蛋黄、紫菜末、辣椒酱、芝麻盐。

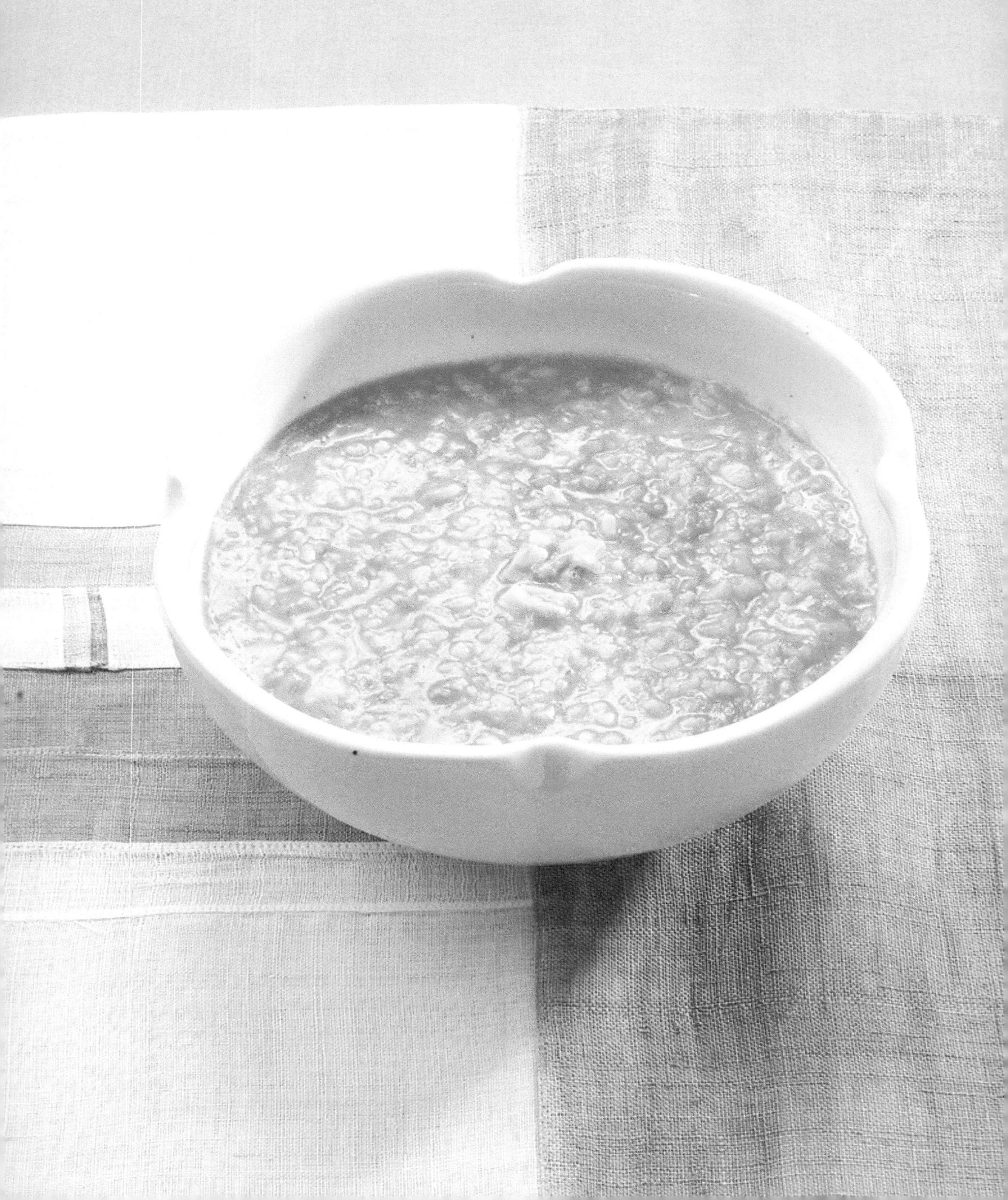

鲍鱼粥

材料

鲍鱼330克，大米180克，水1.2升，麻油2调羹，盐1调羹

制法

1 把鲍鱼洗净，把内脏和鲍鱼肉分开放置待用。

2 把鲍鱼肉切成粗条。

3 把大米洗净浸泡后适当地碾碎。

4 把内脏用麻油炒后加水煮沸，过筛，留滤下的汤水待用。

5 用麻油把3中备好的大米炒一下之后放入4中的汤水，大火煮沸后，改中火炖至大米伸腰。

6 待饭近乎熟时，放入切好的鲍鱼肉，再用炖一会儿后加盐调味。

罗州牛骨汤

材料

牛骨适量，牛肉(腿肉，胸肉)150克，萝卜200克，洋葱50克，大葱35克，大蒜15克，鸡蛋50克，蒜末、辣椒粉、盐、麻油、芝麻、水各适量

制法

1 把牛骨放入水中用大火长时间煮，然后把汤撇出放置一旁。

2 把牛骨再次加水反复2～3次煮至发白后出汤。把1、2的汤混合。

3 在混合汤中加入牛肉、萝卜、洋葱、半棵大葱、大蒜，煮沸。

4 待肉熟后捞出切成薄片，把剩下的大葱切成0.5厘米厚的葱圈儿。

5 充分地过滤干净3中的汤，得到透明的汤。

6 把蛋清、蛋黄分开摊皮后切成5厘米×0.2厘米×0.2厘米的丝。

7 把5中滤得的汤放入碗中，加入肉片、大葱圈儿、黄白蛋丝、蒜末、辣椒粉、麻油、芝麻，放盐调味。

备注

罗州牛骨汤由于纯粹用牛骨熬成，而非混合了各种内脏和骨头所熬制，故味道特别鲜美。把牛胸肉、牛腿肉、牛头肉等牛肉一起加到熬制好的牛骨汤里再次熬煮出的汤会更加清澈，味道也更鲜美。

章鱼软泡汤

材料

活章鱼1千克，水芹30克，青尖椒30克，红辣椒30克,大葱10克，水1.6升，蒜末1调羹，盐适量，麻油、芝麻少许

制法

1 把活章鱼放入盐水中吐净，然后用冷水洗净。

2 把水芹每隔5厘米切一刀，把大葱斜切成0.3厘米的葱花。

3 把青尖椒和红辣椒去籽切碎。

4 在锅中加水，放入章鱼和水芹、大葱、辣椒末、蒜末煮至汤水变红。

5 用盐调味，加麻油和芝麻。

海藻汤

材料

海藻400克，牡蛎肉100克，水1.6升，汤酱油、蒜末各2调羹，麻油少许

制法

1 把海藻用水漂洗几次后放入细筛中淋水。
2 用盐把牡蛎肉轻轻地搓洗干净后放水筛中淋水。
3 在厚底锅中倒入麻油，放入牡蛎肉和蒜末炒。
4 待牡蛎肉出香时，放入海藻，加水略煮，最后加入汤酱油调味。

竹笋汤

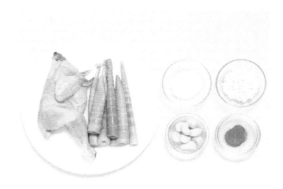

材料

竹笋400克，童子鸡800克，糯米2调羹，大蒜20克，淘米水600毫升，水2.4升，盐半茶匙，胡椒少许

制法

1 切除童子鸡的尾巴，掏尽内脏，里外洗净，去血水，淋干。

2 把竹笋放入淘米中水煮沸，去除涩味。

3 把糯米洗净浸泡在水中。

4 去童子鸡内脏，把鸡肚里填满糯米和大蒜，用棉线缝起来。

5 把4中备好的童子鸡和竹笋一起放入锅中，加水，水要满过鸡和竹笋，上火煮。

6 煮至鸡肉烂熟，取出鸡和竹笋，往鸡汤中加盐和胡椒粉调味。

7 适当地撕下些鸡肉和竹笋放入碗中，浇入调好味的鸡汤。

生拌小蛤蜊*

材料

小蛤蜊400克，水适量，盐少许

调料 酱油2调羹，辣椒粉1调羹，葱末2调羹，蒜末1调羹，姜末半调羹，糖半茶匙，麻油、芝麻、红辣椒丝各少许

制法

1 把小蛤蜊揉洗干净，在盐水中浸泡2小时左右去除腥味。

2 把上述材料混合、拌匀制成调味酱。

3 把小蛤蜊放入沸水中，调小火候，不停地搅拌，趁壳还没打开时捞出小蛤蜊。

4 把小蛤蜊的一面壳掰下，蛤蜊肉朝上地放入盘中。

5 往小蛤蜊肉上一点点地放上调味酱。

---

* 这是深受韩国人喜爱的食物。

生拌蛤蜊肉

材料

蛤蜊肉300克，青南瓜400克，黄瓜145克，水芹80克，胡萝卜50克，细香葱30克

醋辣椒酱调料 辣椒酱3调羹，醋3调羹，辣椒粉2调羹，糖2调羹，蒜末1调羹，芝麻1调羹，盐半茶匙

制法

1 把蛤蜊肉用沸水略焯。

2 把青南瓜和胡萝卜切成5厘米×0.3厘米×0.3厘米的丝，把黄瓜去皮去籽切成0.3厘米厚的斜片儿。

3 把水芹切成5厘米长的段儿，用沸水略焯。

4 把细香葱切成2厘米长的段儿，把葱白劈成两半儿。

5 调制好醋辣椒酱，用其先拌匀青南瓜、黄瓜、胡萝卜、水芹、细香葱，然后再放入蛤蜊肉拌匀。

备注

生拌其他贝类海鲜肉也可套用此法。

紫菜浮刻

材料

紫菜200克，糯米面500克，鳀鱼高汤(鳀鱼、海带、花菇、水)1.6升，芝麻90克，植物油3杯，盐、酱油各适量

制法

1 把紫菜洗干净。

2 把糯米面放入用鳀鱼、海带、花菇和水煮成的高汤中，加盐和酱油调味，用木铲不停搅拌，直至透明发亮，盛入碗中冷却成糯米糊。

3 在刀板上铺一张紫菜，上面摊一层2中做好的糯米糊，再铺一张紫菜，再涂糯米糊，再铺一张紫菜，然后撒上芝麻，放在阳光下晒。

4 晒至半干后，切成大小适当的方块，放入密闭容器内保存。吃时根据需要拿出些油炸。油炸时油的温度要低，油炸时间要很短。

备注

制作"浮刻"时，要晒至又干又脆。晒时要常挪动，以防相互沾粘。

槐树花浮刻*

材料

槐树花300克，糯米糊1杯，植物油适量

制法

1 把槐树花洗净，放入篮子中淋去水份。

2 在槐树花的正反面涂上糯米糊，放在碗中干一会儿后再涂一次，然后在阳光下晒。

3 用低温的植物油煎熟。

---

* 作为芬芳甜美的餐后甜点备受喜爱。

芝麻叶浮刻

材料

芝麻叶，面粉，糖稀，葱末、蒜末、姜末、盐、麻油、植物油各适量

制法

1 选择中等大小的芝麻叶，洗净，放入盐水中浸泡10分钟左右，再用清水漂洗干净。

2 把带水汽的芝麻叶蘸上面粉，放入笼中蒸30分钟。

3 把蒸过的芝麻叶放在阳光下晒干，然后用植物油炸。

4 把糖稀、葱末、蒜末、姜末、盐、麻油混合起来煮。

5 把炸好的芝麻叶浸入4中冷却。

蜜药果

材料

面粉1千克，生姜20克，清酒1杯，植物油半杯，麻油半杯，桂皮粉2调羹，盐1调羹，松子适量
蜜汁 糖稀2杯，糖2调羹，水200毫升

制法

1 把面粉、桂皮粉、盐、麻油混合，用手拌匀，用筛子筛一下。

2 把生姜用擦子擦碎，拌入清酒。

3 把1和2混合，用手揉成面团。

4 把面团擀成0.5厘米厚的面皮，然后切成边长为3厘米的方块，在方块中间戳个洞散热。

5 把4中的方块依次放入150℃的植物油、100℃的植物油、150℃的植物油中分别炸10分钟、15分钟、5分钟。

6 将5中炸好的方块放入由糖稀、糖、水调制成的蜜汁中。

生姜正果

材料

生姜100克，糖稀2杯，糖3调羹，盐半调羹

制法

1 选择较大的生姜，去皮切成薄片儿。

2 把生姜放入加盐的沸水中焯一下后捞出用冷水冲凉。

3 在锅中放入糖稀、糖、水，用大火煮，煮开后改小火，放入生姜，开着锅煮，并不时撇去冒上来的浮沫。

4 充分地煮好后，一片片地捞出，放入盘中冷却。

备注

"正果"，也叫"煎果"，是一种甜点，主要是把如藕、生姜、人参、桔梗、木瓜、柚子、杏仁、苹果、山楂、枸杞子等水份含量低的根、茎、水果、莓类加蜂蜜或糖熬制成的。生姜正果风干后便成为生姜糖。

庆尚北道

庆尚北道保守的民俗民风也影响到其饮食文化，传统的饮食被逐渐自然化发展为如今的乡土风味。在安东文化圈里，人们比较擅长儒教文化的仪礼饮食。而庆州人则受新罗的佛教文化的影响，擅长祭祀食物与宫廷食物。在洛东江周围，广袤的内陆平原上盛产大米，新鲜蔬菜与肉类四季丰足。

另外，由于傍依东海，沿靠全国最长的海岸线，用鱼类与贝类海鲜腌制出的可储藏海产品很发达。山区盛产红薯、土豆、荞麦以及橡子等。食物大多又辣又咸，当地人几乎不对食物作任何装饰。

大蟹拌饭

材料

饭840克，大蟹2只，黄瓜150克，青南瓜120克，胡萝卜120克，桔梗80克，鸡蛋50克，紫菜2克，盐1调羹，植物油1茶匙，麻油半调羹，蒜末1调羹，芝麻盐1调羹，糖少量

制法

1 把大蟹打理干净后背朝锅底地放入蒸锅中，蒸大约10分钟。

2 把青南瓜与黄瓜去皮切成5厘米长，撒盐腌掉水份后上锅炒一下。

3 把胡萝卜切成5厘米×0.2厘米×0.2厘米的丝，放入加盐的沸水中焯一下，用油炒熟。

4 把桔梗切成5厘米的段儿，放盐抓一抓腌去涩味，用沸水焯一下，加糖、蒜末、芝麻盐、麻油拌匀，用油炒熟。

5 把蛋黄与蛋白分开摊成皮后切成5厘米×0.2厘米×0.2厘米的丝。

6 把紫菜用火略烘后碾碎。

7 分离蟹壳，取出内脏，剔出蟹腿肉。

8 盛饭入碗，按色彩摆入备好的2、3、4与蟹肉，盖上碎紫菜与蛋丝。

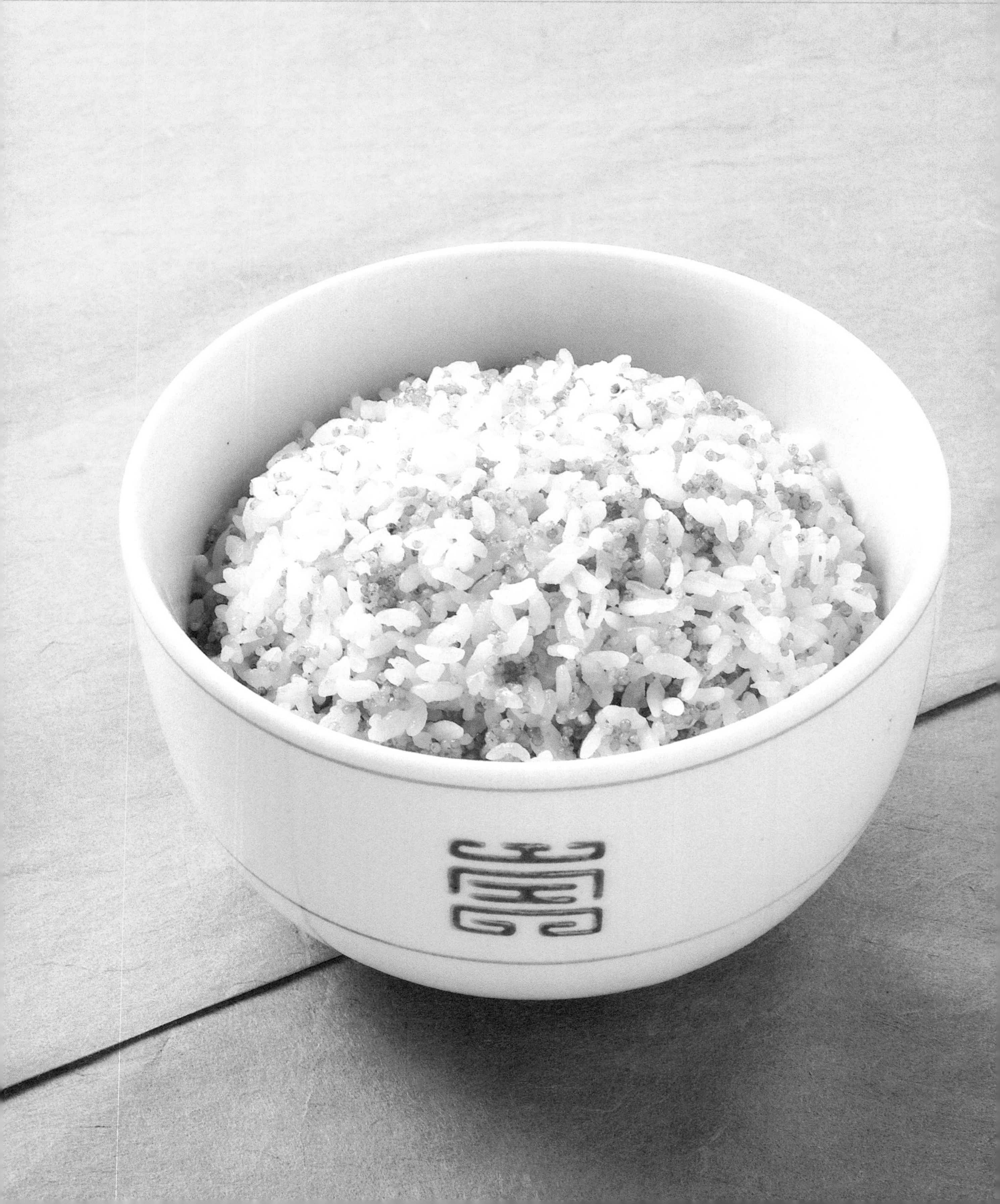

小米饭

材料

大米270克，黏小米75克，水470毫升

制法

1 把大米洗净浸泡30分钟左右。

2 把小米洗净，浸泡后淋去水份。

3 把浸泡过的大米放入锅中，加水煮，煮开后加小米继续炖至饭熟。

4 把饭锅离火放置一会儿，揭开锅翻动一下后再盛饭。

备注

也可把大米与小米一起下锅煮，还可加进赤豆、黄豆、印度
小米。

安东虚祭饭

材料

大米360克，水470毫升，萝卜300克，豆腐250克，鲨鱼200克，牛肉200克，干马鲛鱼200克，鸡蛋100克，冻绿鳕鱼脯80克，菠菜80克，黄豆芽80克，白菜80克，煮蕨菜50克，桔梗50克，海带30克，水适量，汤酱油2调羹，姜末1茶匙，麻油半调羹，芝麻盐半调羹，盐2茶匙，植物油半调羹，糖少许

面粉酱 面粉2调羹，汤酱油1茶匙，麻油1茶匙，盐少许，水1调羹

制法

1 把大米洗净浸泡30分钟左右，加入470毫升水煮成饭。

2 把干马鲛鱼和鲨鱼打理干净，分别切成3厘米×7厘米×1厘米的粗条，用少许盐把鲨鱼拌一下。

3 顺着肉纹把牛肉横切成3厘米×8厘米×1厘米的片，拌入盐。

4 把2和3串到串针上，用植物油煎。

5 把菠菜摘洗干净，用加盐的沸水焯一下，加盐、麻油、芝麻盐拌匀。

6 把桔梗用盐搓洗干净，除去涩味，用沸水焯一下，加入盐、糖、麻油拌匀，再上锅用植物油炒一下。

7 把煮蕨菜洗净淋干水，拌入汤酱油和麻油，上锅炒后加1调羹水煮沸。

8 把萝卜劈成两半，一半切成2厘米×2厘米×0.5厘米的方片，另一半切成5厘米×0.2厘米×0.2厘米的丝，用盐腌至出水，挤去水份。往锅里放入植物油，加姜末、盐、麻油，倒入萝卜丝炒一下。

9 把黄豆芽洗净，加盐调味，洒1调羹水，上锅炒熟，淋上麻油，撒入芝麻盐，拌匀。

10 把冻绿鳕鱼脯斜切成条状。把豆腐一半划成边长为2厘米的方块，另一半划分成1厘米厚的几层，加盐调味，切成3厘米×4厘米的片。

11 用刀背拍散白菜，用4杯水煮开海带。把海带一半切成5厘米×5厘米的方片，另一半切成2厘米×2厘米的方片。将煮海带的水放置待用。

12 在面粉中加入盐、麻油、汤酱油、水，制成面粉酱。

13 把1个鸡蛋打散，加盐调味。将剩下的鸡蛋用盐水煮。

14 往热锅里倒入植物油，把5厘米×5厘米的海带片和白菜叶蘸上面粉酱上锅煎熟，把冻绿鳕鱼脯裹上面粉和蛋糊煎熟。

15 在锅中倒入11中的煮海带的水，放入2厘米×2厘米的海带片和萝卜，加汤酱油和盐调味，煮沸后加豆腐再煮一会儿。

16 把以上备好的汤、蔬菜、煎鱼、煮鸡蛋盖到饭上，配一份汤酱油。

大邱汤*

材料

牛肉(胸脯肉)600克，萝卜200克，绿豆芽300克，茨菇苔200克，大葱70克，水3升，粗辣椒粉2茶匙，麻油1茶匙，盐1茶匙

调料 汤酱油2调羹，葱末、蒜末各1调羹，芝麻盐1茶匙，胡椒粉少量

制法

1 把切成大块儿的萝卜与牛肉用小火煮熟。

2 把绿豆芽去须去头洗净在沸水中焊后捞出用冷水冲凉，淋干水份。

3 把茨菇苔煮后浸入水中，再捞出切成10厘米长的段儿。

4 把煮熟的牛肉逆着纹路横切成片，把煮熟的萝卜切成2厘米×2厘米×0.5厘米的方片，加入调料拌匀。

5 在肉汤中放入3中备好的茨菇苔和葱段，煮一会儿后放入绿豆芽和4中拌好的牛肉和萝卜，继续煮。

6 舀少许5中的汤，掺入麻油，加入辣椒粉，调匀后倒回5中的汤中，继续煮一会儿后加盐调味。

备注

1950年朝鲜战争期间，大邱汤曾用来救济难民，此后便成家常便饭。

* 这是有肉的炖菜，很受韩国人喜爱。

凉拌豆腐

材料

萝卜500克，豆腐120克，盐1茶匙

调料 辣椒粉2茶匙，盐1茶匙，麻油1调羹，芝麻盐1调羹

制法

1 把萝卜切成5厘米×0.2厘米×0.2厘米的丝，用盐腌出水份。

2 把豆腐用刀碾碎，包入棉布中，挤出多余的水份。

3 把萝卜丝与碎豆腐混合，加入辣椒粉、盐、芝麻盐、麻油拌匀。

干烧比目鱼

材料

干比目鱼200克，芝麻少量

调味酱 干辣椒2根，酱油4调羹，辣椒酱1调羹，辣椒粉2调羹，糖稀半杯，糖1调羹，水200毫升，蒜末1茶匙，植物油适量

制法

1 把干辣椒分切成1厘米宽的段儿。

2 用上述调味酱的材料拌到一起煮沸后放置冷却成调味酱。

3 把干比目鱼切成大小适中的片儿，放入植物油中炸好。

4 往调味酱中放入炸好的比目鱼片，拌匀，撒上芝麻。

蒸干马鲛鱼

材料

干马鲛鱼400克，青尖椒30克，大葱35克，黑芝麻、红辣椒丝少量，淘米水1升

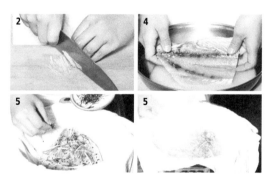

制法

1 把青尖椒劈开去籽，切成3厘米×0.1厘米×0.1厘米的丝。

2 把葱白切成3厘米×0.1厘米×0.1厘米的丝。

3 把红辣椒丝分切成2～3厘米长的段儿。

4 切除干马鲛鱼的尾巴与骨头，用淘米水浸泡除腥。

5 在蒸笼上铺上棉布，放入干马鲛鱼，把青尖椒、大葱、红辣椒丝与黑芝麻摆放到鱼身上，上锅蒸约10分钟。

备注

从前，由于交通不发达，安东人为了防止鱼腐烂变质，把鱼用盐腌制风干保存。干马鲛鱼就是腌制风干而成的，风味上等，为安东特产之一。

蒸干马鲛鱼的配菜可为生菜、菊花老、海带、烤肉酱等。

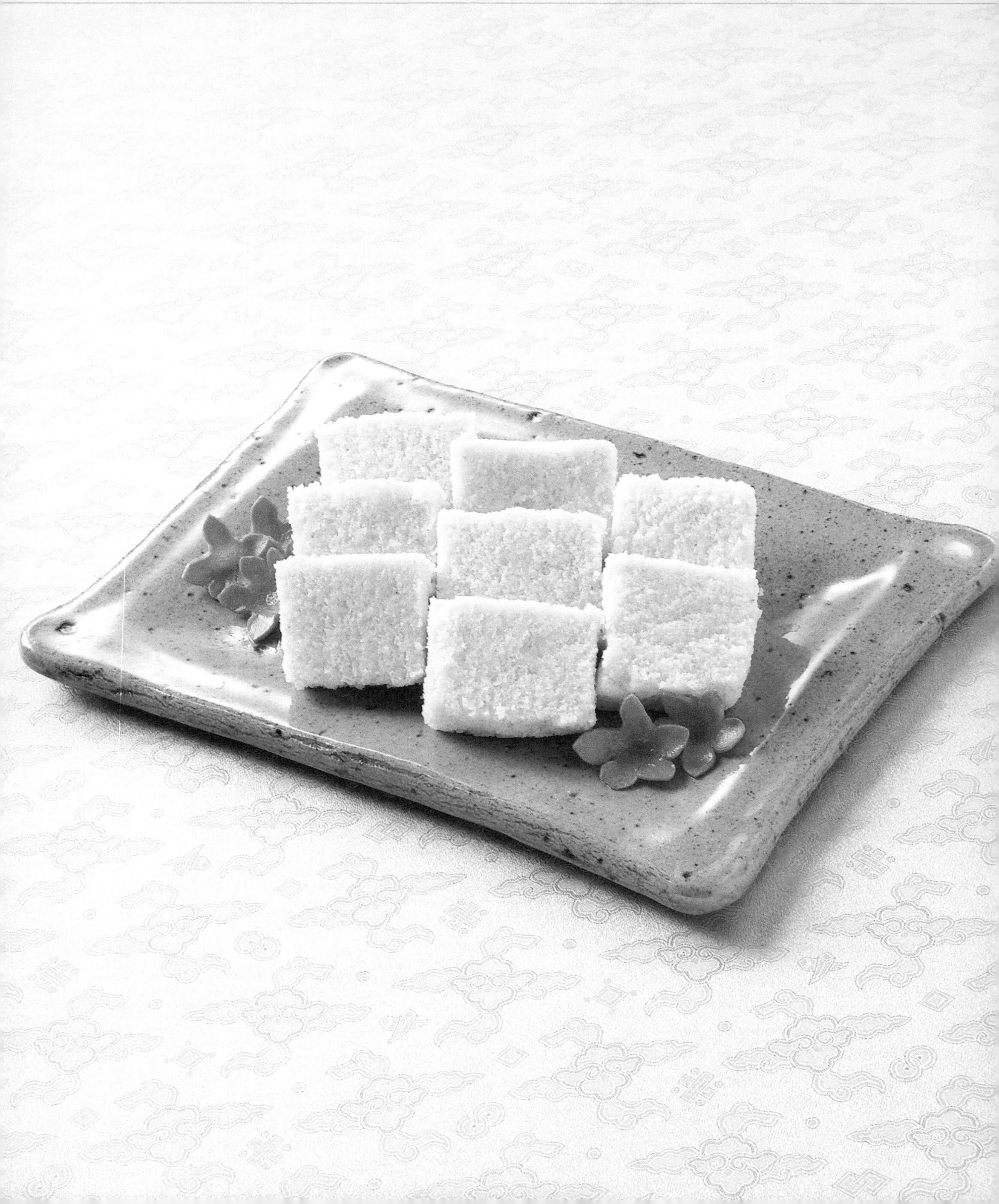

红柿糕
(上州柿糕, 柿子糕)

材料

黏米粉1千克，红柿3个，胡萝卜75克，糖150克，糖稀75克，盐1调羹，水100毫升

制法

1 把红柿去蒂去皮，加水煮沸，制成半杯红柿汁，过筛，放置冷却。

2 把胡萝卜切成花瓣状，在糖稀中浸一小时。

3 把黏米粉、盐、红柿汁拌到一起，用筛子过滤后加糖拌匀。

4 在蒸笼里铺入棉布，放入3。

5 当热气冒上来时，盖上另一块棉布，继续蒸15分钟。

6 切成大小适当的块儿，摆放到盘中，饰以胡萝卜花瓣。

摄山参

材料

四叶参200克，糯米面50克，水200毫升，蜂蜜2调羹，盐1茶匙，植物油适量

制法

1 把四叶参去皮，用擀面杖碾裂，放入盐水中浸泡后取出淋干水份。

2 给1中备好的四叶参裹上糯米面。

3 在锅中加入植物油，待油热至160℃时放入2中备好的四叶参油炸。

4 吃时蘸蜂蜜。

备注

还可往油炸好的四叶参上撒糖。

庆尚南道

庆尚南道的饮食文化的特征是，食用新鲜的农作物与水产品，讲究营养的均衡。 生鱼片、烧烤、煮炖、烩拌、汤等各类食物都有，腌鱼的方法也很发达。其中，以鳀鱼或蛤蜊做汤底下出的刀切面口味最独特。

由于地处内陆平原地带，春天时鲜蔬菜丰富，夏天有黄瓜、南瓜、茄子、辣椒、西红柿等，冬天则食用蔬菜干。由于当地气候温暖，为了防止食物变质，食物中盐放得较多，所以偏咸。当地人把从南海里捕获的鳀鱼晒干或腌制后主要用来制作泡菜和烹饪各种食物。每逢婚丧节庆，就会用红蛤、田螺、鲍鱼、章鱼、鲨鱼等做海鲜沙拉或烤海鲜串。农民们爱把土豆、红薯、南瓜等煮熟吃，也常吃荞麦凉粉、橡子凉粉、小麦糕、麦米杂糕。食物上桌时外观很纯朴，几乎不加任何装饰。

晋州拌饭

材料

大米360克，绿豆芽130克，黄豆芽130克，甜菜叶100克，菠菜100克，蕨菜100克，青南瓜100克，萝卜100克，绿豆凉粉100克，紫菜10克，桔梗100克，葫芦100克，干海藻50克，鲜牛肉200克，麦芽糖辣椒酱2调羹，汤酱油2调羹，芝麻盐半调羹，麻油半调羹，水470毫升

拌生牛肉调料 麻油2调羹，糖1调羹，蒜末半调羹，葱末1调羹，芝麻盐2调羹，盐少量，胡椒粉少量

调味汁 牡蛎肉130克，汤酱油少量，水100毫升

制法

1 把米洗净，浸泡约30分钟后，蒸成饭。

2 把新鲜的生牛肉切细，加入调料拌匀。

3 把绿豆芽去头去须，把黄豆芽去须，然后用沸水焯一下。

4 把菠菜与蕨菜分别用沸水焯一下。

5 把青南瓜、萝卜、桔梗切成5厘米×0.2厘米×0.2厘米的长条，然后用沸水焯一下。

6 把紫菜捻碎，把绿豆凉粉切成5厘米×0.5厘米×0.5厘米的长条。

7 分别往3、4、5、6中放入汤酱油、芝麻盐、麻油拌匀。

8 把牡蛎肉洗净放入锅中加水翻炒，加汤酱油调味后制成调味汁。

9 在碗中盛入米饭，把7中备好的各样按颜色漂亮地摆放在米饭上，然后浇入8中的调味汁，把2中拌好的鲜牛肉放入上端。

10 放入松子会使拌饭的美味更上一层，牡蛎调味汁与麦芽辣椒酱调和在一起使味道更加鲜美。

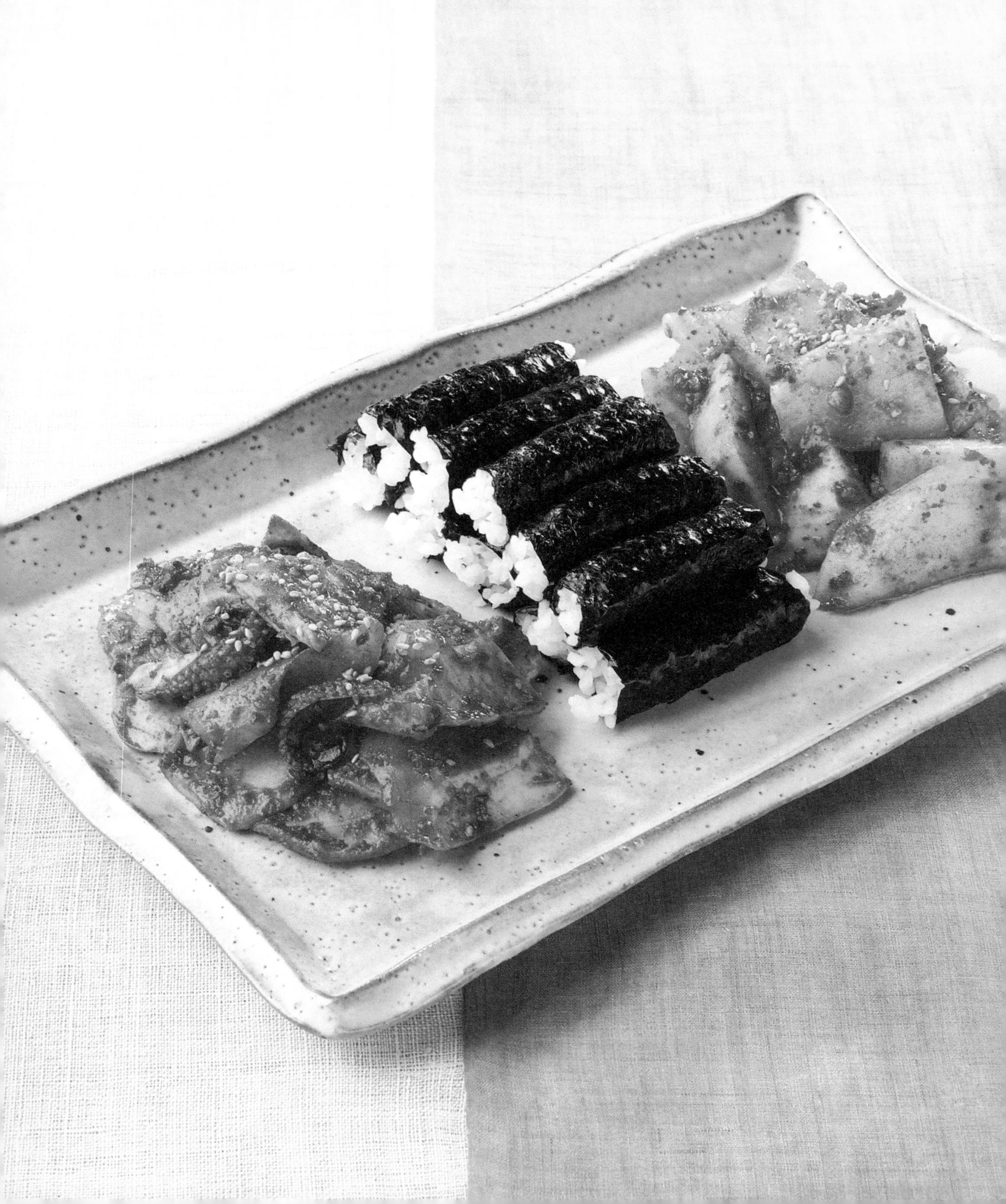

忠武紫菜包饭
(袖珍紫菜包饭)

材料

大米360克，紫菜8克，乌贼200克，萝卜150克，水470毫升，盐少量

乌贼调料 辣椒粉2调羹，酱油2调羹，蒜末1茶匙，葱末1茶匙，芝麻盐半茶匙，盐半茶匙，糖半茶匙，麻油1茶匙，胡椒粉少量

萝卜调料 虾酱1调羹，辣椒粉2调羹半，蒜末1茶匙，葱末1茶匙

制法

1 把米洗净，浸泡约30分钟后，做成饭。

2 把乌贼去皮去壳放入沸水中略焯一下后，切成2厘米×4厘米的大小，放入调料拌匀。

3 把萝卜切成斜块儿，放入少量盐腌一下后用水撇清，除去水分加调料拌匀。

4 把紫菜6等分，包入米饭。把紫菜包饭配上拌好的乌贼和萝卜上桌。

备注

从前，在来往统营和釜山的客船上，妇女小贩们会用木箱子装着紫菜包饭、乌贼和泡萝卜兜售。忠武紫菜包饭也叫"阿婆紫菜包饭"，在夏天，为了防止饭变质，都希望把饭与菜分开保存。

从前配紫菜包饭的是小章鱼，如今改为乌贼了。

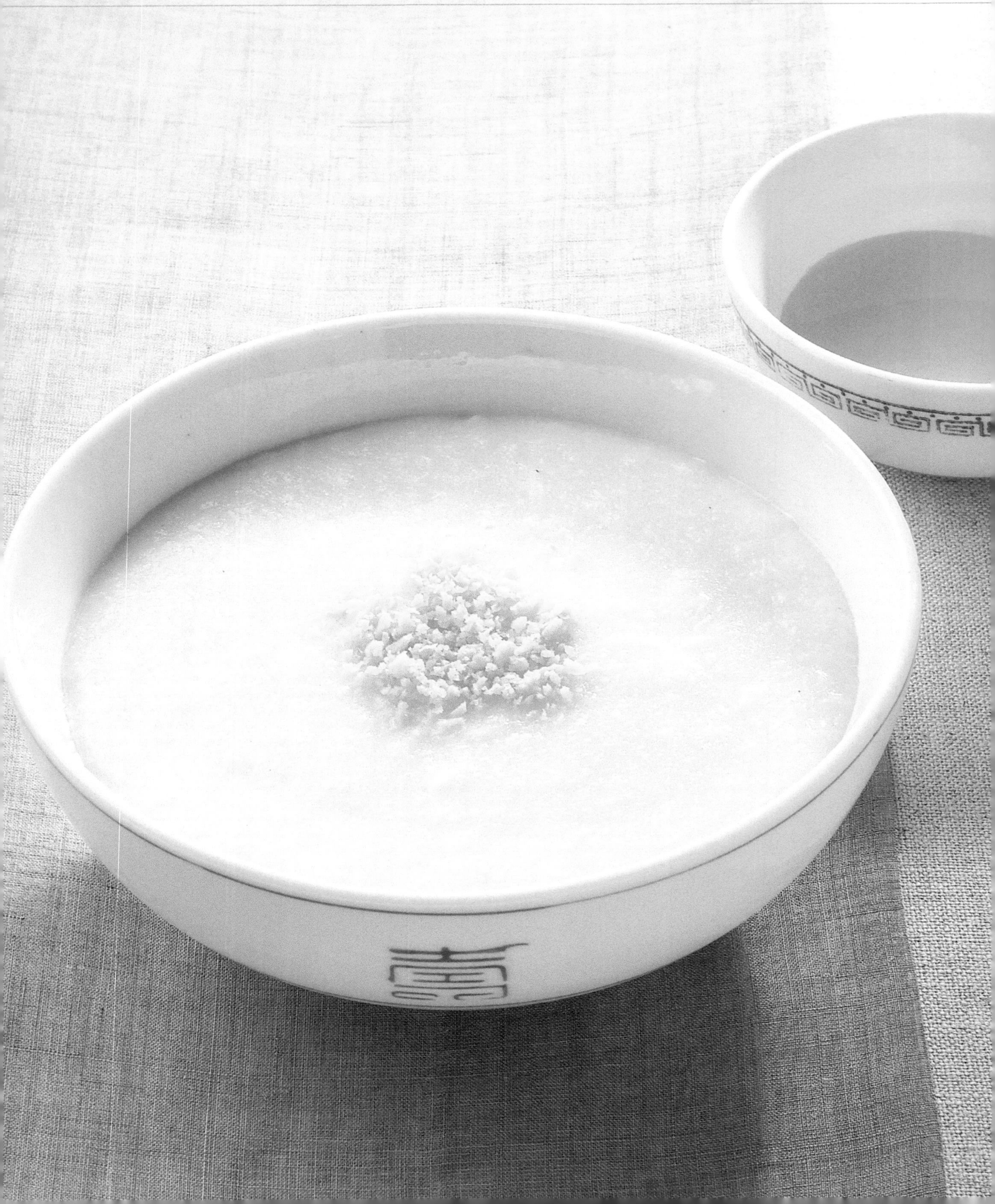

山药粥

材料

大米300克，山药250克，水1.6升，盐1茶匙，蜂蜜少量

制法

1 把米洗净浸泡后，然后加水捣碎。

2 把山药去皮用擦子擦。

3 把捣碎的大米煮开后加入2中备好的山药，继续煮，加盐调味。

4 和蜂蜜一起上桌。

备注

有时会把山药的浆汁与绿豆粉、土豆粉混合到一起煮，也会
把山药煮熟后和浸泡过的米混合起来熬粥。

青南瓜粥

材料

梗米360克，青南瓜100克，蛤蜊肉100克，鳗鱼酱汤(鳗鱼、海带、水)2升，汤酱油1调羹，麻油1调羹，芝麻盐、盐少许

制法

1 把大米洗净浸泡30分钟后，淋干水份。
2 把青南瓜切成0.3厘米厚的扇形。
3 把蛤蜊肉洗净淋干水份，粗略地切一下。
4 把3中的蛤蜊肉用麻油略炒后放入浸泡过的大米一起炒。
5 往4中倒入鳗鱼酱汤煮沸，然后加青南瓜继续煮，最后加盐和汤酱油调味并再次煮沸后离火。
6 把5盛入碗中，撒上芝麻盐。

备注

南瓜既可用来制作餐后甜点，也可用来熬粥。

晋州冷面

材料

荞麦面条(生面条)600克，泡萝卜150克，牛肉(或猪肉)150克，鸡蛋50克，梨120克，辣椒丝少量，松子少量，植物油适量，海鲜高汤1.2升

拌肉调料 酱油半调羹，葱末2调羹，蒜末1茶匙，麻油少量，糖少量，芝麻盐少量，胡椒粉少量

水淀粉 淀粉1茶匙，水半调羹

海鲜高汤 干明太鱼、干虾、干红蛤、水适量

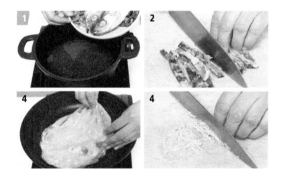

制法

1 在锅中放入海鲜高汤的材料，大火煮沸，滤出高汤冷却待用。

2 把牛肉切细，放入调料拌匀后倒入碗中打好的鸡蛋里。往烧热的平底锅里倒入适量植物油，然后一张张地摊煎牛肉蛋饼。最后再把牛肉蛋饼切成1厘米宽的条。

3 淋干泡萝卜，把梨去皮，然后把它们分别切成0.5厘米宽的长片。

4 往剩下的鸡蛋里加入水淀粉搅拌均匀，摊蛋皮，然后把蛋皮切成5厘米×0.2厘米×0.2厘米的蛋丝。

5 把红辣椒丝分切成3~4厘米长。

6 把荞麦面条下入沸水中煮熟后捞出用冷水冲凉，然后盛放碗中。

7 往6中放入备好的牛肉、萝卜泡菜、梨、鸡蛋丝、红辣椒丝、松子，盖到面条上面，浇入海鲜高汤。

备注

智异山一带的山区里生长荞麦，当地居民甚爱荞麦面条。在北朝鲜，平壤冷面最受亲睐。在韩国，晋州冷面则最受欢迎。

河豚汤

材料

河豚1千克，萝卜100克，黄豆芽400克，水芹200克，大葱35克，水1.6升，蒜末1调羹，醋少许，盐1茶匙

制法

1 把河豚用盐略腌后去壳去头清除内脏洗净。清除内脏时注意别戳破。

2 把黄豆芽去头去须洗净，把萝卜斜切成丝。

3 把大葱和水芹每隔3～4厘米切一刀。

4 在锅中倒水，放入黄豆芽和萝卜丝，充分煮沸后放入河豚继续煮。

5 往4中加入大葱、水芹、蒜末，用盐调味，再略煮一会儿。

6 吃之前滴入少许醋。

备注

夏天，河豚用芥末蘸着吃也别具风味。

贝肉汤

材料

贝类海鲜肉800克，韭菜20克，水1.6升，盐1茶匙半

制法

1 把贝类海鲜肉用半茶匙盐腌去海腥味儿，再洗净淋去水份。

2 把韭菜切成0.5厘米长的段儿。

3 将1中备好的贝类海鲜肉加水烧煮沸，撇去漂在上面的壳儿，然后加1茶匙盐调味，再略烧至滚沸，最后加入2中备好的韭菜。

备注

除了贝类海鲜，在韩国还有一种贝类叫"江贝"，顾名思义，江贝是指长在江河里的贝类。在贝肉汤里，还可以加辣椒粉、大酱调味。

釜山杂拌
(海鲜杂拌)

材料

章鱼半条，蚌类110克，鲍鱼85克，蛤蜊50克，洋葱80克，青尖椒30克，粉条50克，植物油1茶匙

粉条调料 酱油1调羹，糖半茶匙，麻油少量

拌料 酱油1调羹，芝麻盐1调羹，麻油1茶匙，糖1茶匙，胡椒粉

制法

1 把章鱼放锅里蒸熟后切成段儿。

2 把蚌、鲍鱼、蛤蜊分别打理干净后，煮熟斜切成丝。

3 把洋葱切成0.3厘米厚的丝。然后把青尖椒劈成两半，去籽，切成和洋葱差不多粗细的丝。

4 把粉条用水浸泡开，再用沸水煮透并剪断，加入粉条调料拌匀后放入锅中用油炒至透亮。

5 用芝麻油把洋葱丝与尖椒丝炒熟。

6 把准备好的粉条、蚌、鲍鱼、蛤蜊、章鱼、洋葱、青尖椒和到一起，加入拌料拌匀。

彦阳烤肉

材料

牛肉600克，梨90克，芝麻少量

调料 汤酱油、糖各1调羹半，葱末2调羹，蒜末1调羹，蜂蜜1调羹，糖稀1茶匙，麻油1调羹，胡椒粉少量

制法

1 把牛肉切成3厘米×5厘米的粗条。

2 把梨去皮去核，用擦子擦碎，拌入牛肉，放置30分钟左右。

3 把2中的牛肉放入上述调料拌匀。

4 在加热的烤锅里铺上用水浸湿的韩纸，在上面放上拌好的牛肉，边烤肉边往韩纸上淋水。

5 在4中的烤肉上方盖一张用水浸湿的韩纸，然后把肉翻过来继续烤。烤熟后撒入芝麻上桌。

煎水芹饼

材料

水芹200克，鸡蛋100克，牛肉末70克，米粉75克，面粉55克，盐1茶匙，青尖椒30克，红辣椒30克，水100毫升，植物油适量

调料 葱末半调羹，蒜末1茶匙，盐1茶匙，芝麻盐、胡椒粉和麻油各少量

制法

1 把水芹切成20厘米长的段儿。

2 把青尖椒、红辣椒切成0.2厘米厚的斜片儿。

3 把鸡蛋加水打匀。

4 把米粉与面粉混合，加入盐与3中的鸡蛋，和成糊。

5 把牛肉拌入调料，入锅中煎至半熟。

6 在平底锅中倒入植物油，铺上水芹，往水芹上倒入4中的蛋面糊。

7 在6的上面，撒上备好的牛肉、青尖椒、红辣椒，煎熟。

备注

煎蔬菜饼时，蔬菜如果太煎得熟就会失去原味，所以要把撒在蔬菜上面的海鲜或牛肉预熟之后再放到蔬菜上一起煎。

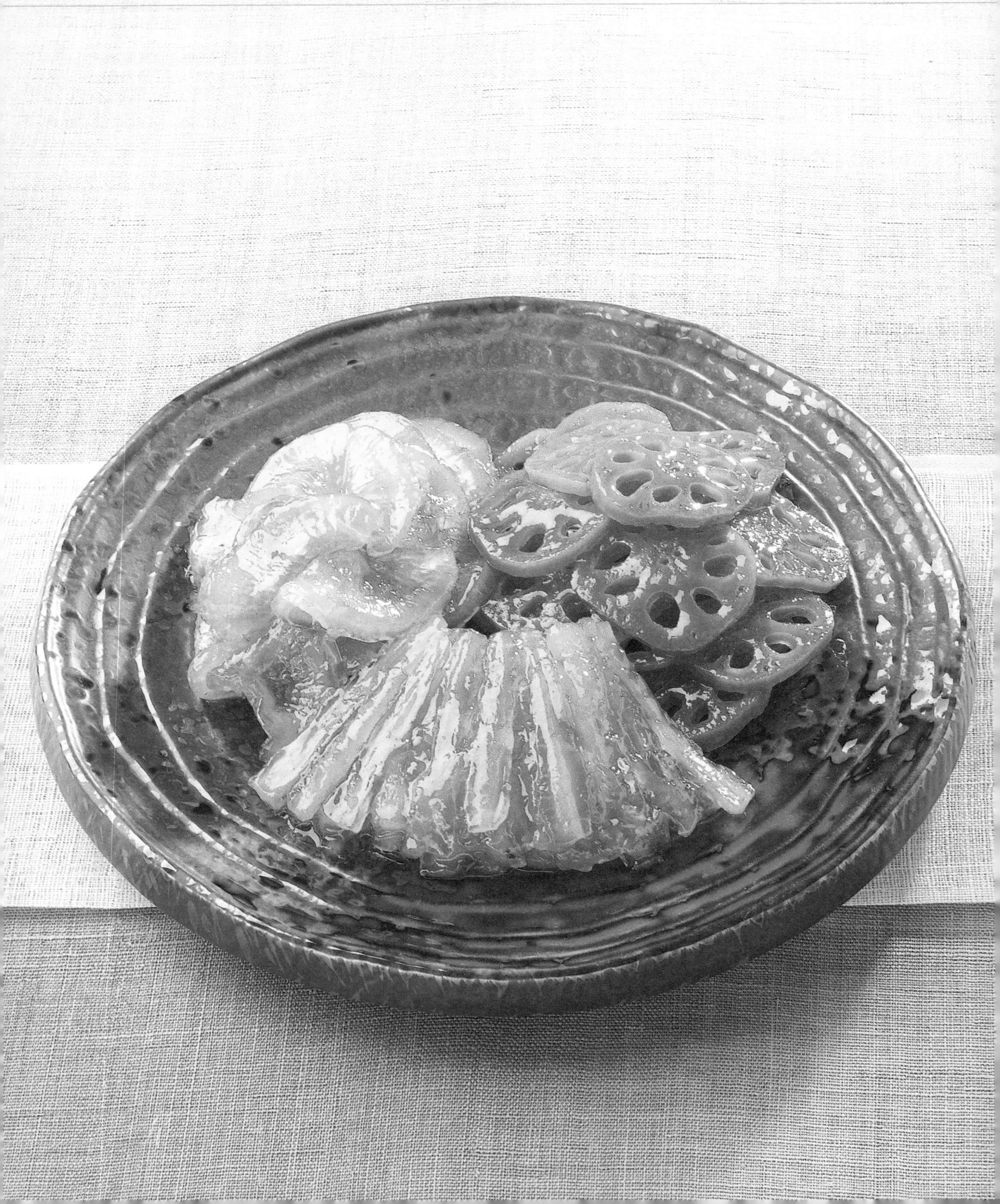

桔梗正果(桔梗蜜饯)

材料

桔梗300克，糖180克，蜂蜜2调羹，糖稀40克，盐少量，水400毫升

栀子水 栀子2个，水140毫升

制法

1 用盐把桔梗腌去涩味洗净，切成5厘米长的粗细均匀的条。
2 往沸水中加少量盐，把桔梗略焯一下捞出后立刻浸入冷水中，放置20～30分钟去涩味。
3 锅里放入桔梗，加水和糖煮至冒泡儿。
4 糖水缩至一半时，加栀子水，改小火煨一会儿后加糖稀继续煨。
5 煨至水几乎干掉时加蜂蜜。

萝卜正果(萝卜蜜饯)

材料

萝卜200克，糖稀200克，盐半茶匙，水200毫升

制法

1 把大萝卜切成两半，把小萝卜直接切成0.5厘米厚的片儿。
2 把1中切好的萝卜放入加盐的沸水中焯一下后捞出立刻浸入冷水中，片刻后再捞出放入筛中淋水。
3 将糖稀、水放入锅里煮沸，加入淋干水的萝卜片料理。

藕正果(藕蜜饯)

材料

藕300克，糖180克，糖稀40克，蜂蜜2调羹，盐少量，水400毫升

五味子水 五味子100克，水100毫升

醋水 醋1杯，水400毫升

制法

1 把藕去皮，切成0.5厘米厚的圆片，放入醋水中浸泡。
2 把1中泡过醋的藕片放入沸水中略焯后捞出立刻放入冷水中浸泡。片刻后，捞出淋水。
3 在锅中放入淋干水份的藕片、糖、水、以及少许盐，上火煮，煮沸后撇除上面的浮物。
4 煮至糖水缩至一半时，加五味子水，小火炖一会儿后加糖稀煨。
5 煨至汁水几乎干掉时加蜂蜜。

济州岛

处于山地的济州岛常遭受干旱之苦与台风袭击，饮用水很珍贵，岛上的农作物不是很丰富，饮食文化与其他地区也非常不同，料理方法非常简单。由于几乎不用调料，食物只带有食材的原味。

济州岛人不擅长储藏食物，海鲜和蔬菜等常直接生吃，常吃腌鱼和海藻等。家常便饭中常包括杂谷饭、大酱汤、泡菜、腌鱼、用生大酱蘸生菜或蔬菜。

荞麦红薯粥
(甘薯粥)*

材料

荞麦粉300克，红薯630克，水适量，盐1调羹

制法

1 给红薯去皮，切成3厘米厚的银杏叶状的块儿。

2 在锅中倒入大半锅水，放入红薯块儿，加盐，大火煮。

3 红薯快要熟时，小心地撒入荞麦粉，然后不停地搅拌至完全熟。

4 当荞麦粉熟至透明时，熄灭火。

备注

用济州岛生产的水红薯做成的甘薯粥会更好吃。

* 近美国妇女喜爱食用红薯减肥。

黄豆烧石鱼

材料

石鱼(小)3条，黄豆70克，青尖椒15克，红辣椒15克

调味酱 水4调羹，汤酱油4调羹，辣椒粉2茶匙，糖1调羹，蒜末1调羹，植物油，芝麻少许

制法

1 把黄豆洗净，放入锅中略炒一下。

2 把石鱼剖肚清除内脏洗净，然后在鱼身上打两处花刀。

3 青尖椒和红辣椒斜切成0.3厘米厚的圈儿，做好调味酱备用。

4 锅中放入石鱼、炒黄豆、辣椒，倒入调味酱，上火烧至汤水减半。

备注

春夏两季都是石鱼的季节。黑色的石鱼味道更鲜美。

饼糕
(芒石糕, 荞麦卷, 萝卜卷)*

材料

荞麦粉5杯，水1.6升，萝卜800克，细香葱100克，盐1茶匙，芝麻盐1茶匙，麻油2茶匙，植物油适量

制法

1 用加盐的温水把荞麦粉和成糊。

2 把萝卜切成5厘米×0.3厘米×0.3厘米的丝，用沸水焯后挤干水份。把细香葱切成0.3厘米长的段儿，放到挤干水份的萝卜丝上。

3 在2中备好的萝卜丝里加入麻油、盐、芝麻盐拌匀成馅儿。

4 在平底锅里倒入植物油，放置小火上，舀入荞麦粉糊煎出直径为20厘米的薄饼。

5 把4中的薄饼铺到盘子上，放入3中的馅儿，像卷春卷一样地卷起来，在两端压一下。

备注

如今，为了吃起来方便，薄饼的直径一般为10厘米左右。

从前，济州的妇女们去别人家参加祭祀时，常带上做好的饼糕。

有时，也会用豆沙代替萝卜丝做馅儿。也可揉出荞麦面团做"荞麦蒸饺"。

使用了刚刚磨过麦芽或黄豆的面粉机碾磨荞麦的话，做出的荞麦粉会因为太松散而难以做成好吃的饼糕。

---

* 很适合作为聚会时的食物。

红莓茶

材料

红莓2千克，糖(或者蜂蜜)1.5千克，水适量

制法

1 把红莓放入水中小心地洗净后淋干水。

2 在玻璃瓶底先放一层糖，再放一层红莓，然后继续一层糖一层红梅地放，直至放满。放置一个月后，便成红莓汁。

3 把红莓汁保存在瓶中，饮用时，可以用调羹舀出原汁掺入热水或冷水调制成饮料。

备注

红莓生长于济州岛的汉拏山，美味开胃，颜色比黑五味子还要深。

한국전통향토음식(중국어)

초판 1쇄 인쇄 2020년 6월 15일
초판 1쇄 발행 2020년 6월 25일

지은이   국립농업과학원
펴낸이   이범만
발행처   **21세기사**
등록   제406-00015호
주소   경기도 파주시 산남로 72-16 (10882)
전화 031)942-7861 팩스 031)942-7864
홈페이지   www.21cbook.co.kr
e-mail   21cbook@naver.com
ISBN 978-89-8468-874-2

정가 20,000원